中国天然草原
常见毒害草图谱

赵宝玉　谭承建　主编

中国农业科学技术出版社

图书在版编目（CIP）数据

中国天然草原常见毒害草图谱 / 赵宝玉，谭承建主编. --北京：中国农业科学技术出版社，2023.6

ISBN 978-7-5116-6221-7

Ⅰ.①中… Ⅱ.①赵… ②谭… Ⅲ.①草地–毒草–中国–图谱 Ⅳ.①S812.6-64

中国国家版本馆CIP数据核字（2023）第041933号

责任编辑　马维玲
责任校对　李向荣
责任印制　姜义伟　王思文

出 版 者　中国农业科学技术出版社
　　　　　北京市中关村南大街12号　邮编：100081
电　　话　（010）82109194（编辑室）　　（010）82109702（发行部）
　　　　　（010）82109702（读者服务部）
网　　址　https://castp.caas.cn
经 销 者　各地新华书店
印 刷 者　北京地大彩印有限公司
开　　本　170 mm×240 mm　1/16
印　　张　18.25
字　　数　328千字
版　　次　2023年6月第1版　2023年6月第1次印刷
定　　价　158.00元

《中国天然草原常见毒害草图谱》
｜编 委 会｜

杨　晨（陕西省动物卫生与屠宰管理站）

吴晨晨（西北农林科技大学）

何　玮（西北大学）

沙日扣（内蒙古自治区阿拉善左旗银根苏木综合保障和
　　　　技术推广中心）

张云玲（新疆维吾尔自治区草原总站）

周　乐（新疆维吾尔自治区喀什地区草原站）

周启武（滇西科技师范学院）

单艳敏（内蒙古自治区林业和草原有害生物防治检疫总站）

赵世姣（青海省海西蒙古族藏族自治州都兰县夏日哈镇畜
　　　　牧兽医站）

莫日根别力格（内蒙古自治区阿拉善左旗动物疫病预防控
　　　　　　　制中心）

郭　玺（中华人民共和国乌鲁木齐海关）

郭　蓉（陕西省动物卫生与屠宰管理站）

郭亚洲（杨凌职业技术学院）

梅　莉（西北农林科技大学）

审　阅　尉亚辉（西北大学）

魏朔南（西北大学）

┃作者简介┃

赵宝玉，男，1964年出生，陕西宝鸡人，教授，博士研究生导师。1987年7月石河子大学兽医专业本科毕业，1990年7月西北农林科技大学临床兽医学专业硕士研究生毕业，同年留校从事动物中毒病与毒理学的教学科研工作，2001年7月西北农林科技大学临床兽医学专业博士研究生毕业。兼任中国畜牧兽医学会动物毒物学分会理事长、中国畜牧兽医学会兽医内科与临床诊疗学分会副理事长、陕西省毒理学会副理事长和中国草学会草地植保委员会常务理事。

主要围绕我国天然草原畜牧业健康养殖和生态安全重大技术需求，立足西部草原牧区，针对草原毒害草猖獗发生、生态失衡以及导致放牧牲畜中毒等突出问题，开展我国天然草原毒害草资源调查与评价、毒害草生物学与毒理学、放牧牲畜毒害草中毒病致病机理与防治以及重大毒性灾害预防与综合控制技术等研究。先后主持或参加国家自然科学基金、农业农村部援藏项目、"十二五"公益性行业（农业）科研专项和西藏重大专项等课题。研制出牲畜毒草中毒特效解毒剂，在西藏、新疆、内蒙古、青海、甘肃等草原牧区应用，取得显著预防效果。获省级科技进步一等奖1项、二等奖2项，授权发明专利6项。主编《中国重要有毒有害植物名录》《中国天然草地有毒有害植物名录》《中国天然草原毒害草综合防控技术》《天然草原牲畜毒害草中毒防治技术》《中国西部天然草地疯草概论》和《中国西部天然草地毒害草的主要种类及分布》著作6部。

谭承建，男，1979 年出生，重庆万州人；教授，硕士研究生导师。2002 年 7 月西南农业大学动物医学专业本科毕业，2005 年 7 月西北农林科技大学临床兽医学专业硕士研究生毕业，2009 年 1 月中国科学院昆明植物研究所植物化学专业博士研究生毕业。2009 年 7 月就职于贵州民族大学，主要从事植物化学和民族药物化学的教学科研工作。2014 年 4 月至 2015 年 5 月在美国北卡罗来纳大学教堂山分校药学院从事博士后研究。

主持和参与国家自然科学基金、贵州省科技支撑计划、贵州省自然科学基金和农业农村部"十二五"公益行业（农业）科研专项等项目 8 项，在 *Organic Letters*、*Tetrahedron Letters*、*Bioorganic & Medicinal Chemistry Letters* 等国内外著名期刊发表论文 50 余篇，获授权发明专利 3 项。荣获贵州民族大学"影响我最大的恩师"、贵州省"千"层次创新型人才、"贵州省优秀教师"和"贵州省五一劳动奖章"等称号。参编《中国重要有毒有害植物名录》《中国天然草地有毒有害植物名录》和《中国西部天然草地疯草概论》著作 3 部。

| 内容提要 |

　　《中国天然草原常见毒害草图谱》共收集我国 33 科 194 种有毒有害植物，其中有毒植物（毒草）174 种、有害植物（害草）12 种，既有毒又有害植物 8 种。收集范围除我国分布的乡土草种外，也包括少量外来入侵植物物种。本书主要介绍了每种常见毒害草的拉丁名、别名、科属、形态特征、分布与生境、毒性部位或有害部位、毒性成分与危害、毒性级别和用途等方面内容。重点突出形态特征、毒性部位或有害部位、毒性成分与危害等内容，并附有常见毒害草单株、生境和群落照片。附录部分附有常见毒害草中文名索引和拉丁名索引，以便读者检索和查询。本书内容简明扼要，条理清晰，力求突出科学性、实用性和科普性，是一部系统记载我国天然草原毒害草的工具书，可为从事天然草原资源调查与生态监测、草原生态保护与修复、草原有害生物与灾害防控、草地畜牧业健康养殖与疾病防控，以及植物多样性与资源开发利用研究的科技工作者提供基础资料。也是基层从事草原植保、畜牧兽医及生态保护工作者的参考资料。

| 编 写 说 明 |

1.书中给出的每种毒害草的中文名、拉丁名和所属科属，主要依据《中国植物志》中文版，部分依据《黄土高原植物志》《内蒙古植物志》《西藏植物志》《青海植物志》《新疆植物志》《中国沙漠植物志》等地方和专门植物志。

2.书中给出的毒害草科目排序，是以我国天然草原毒害草种群数量的多少，以及对草原生态安全和畜牧业生产的危害程度进行排序，依次为豆科、毛茛科、菊科、玄参科、百合科、茄科、壳斗科等。

3.毒害草在国内的分布用省和自治区名称描述，分布范围比较广时，用地理区域描述，如"东北""西北""西南"等。

4.书中对毒害草毒性部位或有害部位的描述，以植物全草或全株，或根、茎、叶、花、果及种子部位描述。

5.书中对毒害草毒性级别的划分，主要是依据《中华人民共和国药典》《中药大辞典》和现代医学对有毒中药的毒性分级标准，分为大毒、有毒、小毒和无毒四级加以描述。

6.本书最后附有毒害草中文名索引和拉丁名索引；同科中的属、种按拉丁名字母顺序排列。

│ 前　　言 │

我国是世界草原资源大国，拥有天然草原面积近 3.93 亿 hm²，约占全球草原面积 12 %，占国土面积 41%，位居世界第一位。草原作为我国面积最大的陆地生态系统和重要的绿色生态屏障，具有防风固沙、涵养水源、保持水土、固碳释氧、调节气候和维护生物多样性等多种生态功能，同时也是发展草地畜牧业的重要基地和牧民最基本的生产生活资料，在我国草食家畜生产中发挥了重要生产功能。草原这种特殊的生态和生产功能在应对全球气候变化，保障国家生态安全、粮食安全和食品安全，维护动植物种群多样性，保护人类和动物生存环境等方面地位尤为重要，是不可替代的重要战略资源。

然而，多年来由于我国草原保护工作的滞后，草原处于超载过牧以及过度利用状态，导致草原严重退化。草原退化使得优良牧草种类和产量减少，而毒害草却大量滋生蔓延。毒害草一方面引起牲畜大批中毒死亡，另一方面导致草原植物种群结构生态失衡，草原生产能力降低，生态安全风险度增大。目前，毒害草对草地生态安全和畜牧业生产造成的危害，已由过去的低风险上升为高风险状态，毒害草灾害发生的可能性增加，危险概率增高，甚至在局部地区呈现多发、频发，甚至暴发趋势，经济损失巨大。毒害草不仅动摇了牧民对草原的安全感，而且给牧民的生产、生活和社会稳定构成严重威胁，被称为天然草原的"绿色杀手"。

现阶段我国草原工作迎来了良好的发展机遇，进入了快速发展的重要时期，特别是在党的十七大首次提出生态文明建设战略目标的大背景下，加强草原保护、修复与永续利用，是推进草原生态文明建设，实现生态优先、绿色发展，保障国家生态安全的重要任务。毒害草防控作为草原植保的重要内容，涉及草原毒害草的种类、生物学、生态学、发生规律与地域分布、与环境因子的互作关系、监测预警和综合防控技术等多个方面。因此，在草原生态文明建设的大背景下，草原毒害草防控工作也正日益受到各级草原管理部门的高度重视。

2012年农业部"十二五"公益性行业（农业）科研专项"草原主要毒害草发生规律与防控技术研究"项目启动实施。在项目经费的资助下，作者对我国西藏、新疆、青海、甘肃、内蒙古、四川、宁夏、河北、山西等地天然草原毒害草的种类、区域分布、发生规律及灾害成因等进行了调查研究，采集了大量毒害草标本，并拍摄了毒害草单株和生境照片，掌握了我国天然草原毒害草的第一手资料。在调查研究的基础上作者编写出版《中国天然草原常见毒害草图谱》。本书在编辑和出版过程中，得到各地草原管理部门的大力支持，并提供了部分毒害草照片；西北大学尉亚辉教授和魏朔南教授审阅了书稿；植物标本鉴定得到了西北农林科技大学生命科学学院常朝阳教授的帮助；课题组研究生刘忠艳、冯珂、严杜建、赵世姣、张水平、高丹、郭亚洲、王帅、郭蓉、苏永霞等参与了野外调查和标本制作工作。同时，本书的出版也得到了国家自然科学基金项目（项目编号：32072928）经费的资助。在此一并表示衷心感谢。

编者水平有限，书中难免有许多缺点和不足，恳请广大读者批评指正。

编　者

2022 年 12 月于陕西杨凌

目　　录

第1章　豆科常见毒害草…… 1

骆驼刺……………………… 1

沙冬青……………………… 2

丛生黄芪…………………… 3

哈密黄芪…………………… 4

马衔山黄芪………………… 5

多枝黄芪…………………… 7

茎直黄芪…………………… 8

变异黄芪…………………… 9

鬼箭锦鸡儿……………… 11

柠条锦鸡儿……………… 12

锦鸡儿…………………… 13

羽扇豆…………………… 14

无刺含羞草……………… 15

急弯棘豆………………… 16

镰形棘豆………………… 17

硬毛棘豆………………… 19

小花棘豆………………… 20

冰川棘豆………………… 22

甘肃棘豆………………… 23

宽苞棘豆………………… 24

多叶棘豆………………… 26

黄花棘豆………………… 27

砂珍棘豆………………… 28

毛瓣棘豆………………… 29

毛序棘豆………………… 30

苦豆子…………………… 31

苦马豆…………………… 33

高山黄华………………… 34

披针叶黄华……………… 35

第2章　毛茛科常见毒害草… 37

短柄乌头………………… 37

乌头……………………… 38

黄花乌头………………… 39

伏毛铁棒锤……………… 41

露蕊乌头………………… 42

工布乌头………………… 43

北乌头…………………… 45

白喉乌头………………… 46

铁棒锤…………………… 48

准噶尔乌头……………… 49

谷地翠雀花……………… 51

翠雀……………………… 52

白头翁…………………… 53

茴茴蒜…………………… 55

毛茛……………………… 56

高原毛茛………………… 57

高山唐松草……………… 59

唐松草·····················60

瓣蕊唐松草···············61

箭头唐松草···············63

第3章 菊科常见毒害草······64

豚草·····················64

乳白香青·················65

飞廉·····················67

大蓟·····················68

紫茎泽兰·················69

大叶橐吾·················71

纳里橐吾·················72

藏橐吾···················73

箭叶橐吾·················75

黄帚橐吾·················76

薇甘菊···················78

柳叶菜风毛菊·············79

长毛风毛菊···············80

尖苞风毛菊···············81

加拿大一枝黄花···········82

狗舌草···················84

苍耳·····················85

第4章 玄参科常见毒害草···87

碎米蕨叶马先蒿···········87

中国马先蒿···············88

长根马先蒿···············89

草莓状马先蒿·············90

甘肃马先蒿···············91

斑唇马先蒿···············93

欧氏马先蒿···············94

臌萼马先蒿···············95

假弯管马先蒿·············96

拟鼻花马先蒿·············97

台氏管花马先蒿···········98

轮叶马先蒿···············99

第5章 百合科常见毒害草
·················101

北萱草··················101

萱草····················102

北黄花菜················103

小黄花菜················104

兴安藜芦················106

黑紫藜芦················107

阿尔泰藜芦··············108

毛穗藜芦················110

藜芦····················111

第6章 茄科常见毒害草···113

山莨菪··················113

毛曼陀罗················114

曼陀罗··················115

天仙子··················117

酸浆····················118

西藏泡囊草··············119

马尿泡··················120

龙葵····················121

刺萼龙葵················123

第7章 壳斗科常见毒害草
·················125

麻栎····················125

槲栎····················126

槲树·······························127
白栎·······························128
蒙古栎···························129
枹栎·······························131
栓皮栎···························132

第 8 章　罂粟科常见毒害草
·································**133**

白屈菜···························133
紫堇·······························134
刻叶紫堇·······················136
秃疮花···························137
博落回···························138
小果博落回····················140
多刺绿绒蒿····················141
野罂粟···························142

第 9 章　龙胆科常见毒害草
·································**144**

粗茎秦艽·······················144
秦艽·······························145
龙胆·······························146
匙叶龙胆·······················147
大花龙胆·······················148
长叶肋柱花····················149

第 10 章　大戟科常见毒害草
·································**151**

乳浆大戟·······················151
狼毒大戟·······················152
泽漆·······························154

甘遂·······························155
大狼毒···························156
蓖麻·······························157

第 11 章　杜鹃花科常见毒害草
·································**159**

美丽马醉木····················159
大白杜鹃·······················160
照山白···························162
羊踯躅···························163
映山红···························164

第 12 章　荨麻科常见毒害草
·································**166**

蝎子草···························166
狭叶荨麻·······················167
麻叶荨麻·······················168
荨麻·······························170
宽叶荨麻·······················171

第 13 章　蔷薇科常见毒害草
·································**173**

椤木石楠·······················173
红叶石楠·······················174
光叶石楠·······················175
石楠·······························176
蒙古扁桃·······················178

第 14 章　蕨类植物常见毒害草
·································**180**

问荆·······························180

木贼·························· 181

节节草························ 182

欧洲蕨························ 184

毛轴蕨························ 185

第15章　禾本科常见毒害草
·························· **187**

醉马芨芨草·················· 187

少花蒺藜草·················· 188

毒麦·························· 190

假高粱························ 191

互花米草···················· 192

第16章　萝藦科常见毒害草
·························· **194**

牛心朴子···················· 194

地梢瓜······················ 195

萝藦·························· 197

杠柳·························· 198

第17章　蒺藜科常见毒害草
·························· **200**

骆驼蓬······················ 200

骆驼蒿······················ 201

多裂骆驼蓬·················· 202

蒺藜·························· 204

第18章　瑞香科常见毒害草
·························· **206**

阿尔泰假狼毒················ 206

天山假狼毒·················· 207

瑞香狼毒···················· 208

第19章　唇形科常见毒害草
·························· **210**

密花香薷···················· 210

紫苏·························· 211

草原糙苏···················· 212

第20章　鸢尾科常见毒害草
·························· **215**

马蔺·························· 215

鸢尾·························· 216

细叶鸢尾···················· 217

第21章　藜科常见毒害草
·························· **219**

无叶假木贼·················· 219

藜···························· 220

蒙古虫实···················· 221

第22章　麻黄科常见毒害草
·························· **223**

木贼麻黄···················· 223

中麻黄······················ 224

草麻黄······················ 225

第23章　夹竹桃科常见毒害草
·························· **227**

夹竹桃······················ 227

羊角拗······················ 228

黄花夹竹桃·················· 229

第24章　蓼科常见毒害草
·························· **231**

酸模·························· 231

皱叶酸模 ·················· 232
巴天酸模 ·················· 233

第 25 章　天南星科常见毒害草
·················· 235

海芋 ····················· 235
天南星 ···················· 236
半夏 ····················· 237

第 26 章　伞形科常见毒害草
·················· 239

毒芹 ····················· 239
毒参 ····················· 240

第 27 章　旋花科常见毒害草
·················· 243

刺旋花 ···················· 243
中国菟丝子 ················· 244

第 28 章　马鞭草科常见毒害草
·················· 246

臭牡丹 ···················· 246
马缨丹 ···················· 247

第 29 章　小檗科常见毒害草
·················· 249

金花小檗 ·················· 249

南天竹 ···················· 250

第 30 章　泽泻科常见毒害草
·················· 252

窄叶泽泻 ·················· 252
泽泻 ····················· 253

第 31 章　商陆科常见毒害草
·················· 255

商陆 ····················· 255
垂序商陆 ·················· 256

第 32 章　杨柳科常见毒害草
·················· 258

坡柳 ····················· 258

第 33 章　水麦冬科常见毒害草
·················· 260

海韭菜 ···················· 260

主要参考文献 ·············· 262

附录 1　中国天然草原常见毒害
草中文名索引 ······ 265

附录 2　中国天然草原常见毒害
草拉丁名索引 ······ 269

第 1 章

豆科常见毒害草

骆驼刺

【拉丁名】*Alhagi sparsifolia*。

【别名】骆驼草。

【科属】豆科骆驼刺属多年生草本有害植物。

【形态特征】半灌木，株高 25 ～ 40 cm；茎直立，具细条纹，基部分枝，枝条平行上升；叶互生，叶片卵形、倒卵形或倒圆卵形，无毛，具短柄；总状花序，腋生，花序轴变成坚硬的锐刺，刺长为叶长的 2 ～ 3 倍，无毛，当年生枝条刺上具花 3 ～ 8 朵，老茎刺无花；苞片钻状，花萼钟状，萼齿三角状或钻状三角形；花冠深紫红色，旗瓣倒长卵形，翼瓣长圆形，龙骨瓣与旗瓣约等长，子房线形，无毛；荚果线形，弯曲无毛；花期 6—8 月，果期 9—10 月。

【分布与生境】分布于新疆、甘肃、宁夏、内蒙古等地。生长于海拔 150 ～ 1 500 m 的沙荒地、盐渍化低湿地或沙漠戈壁。

【有害部位与危害】成熟植株具坚硬的锐刺，可造成放牧牲畜机械性损伤。

【毒性级别】无毒。

【用途】骆驼刺营养价值较高，幼嫩时各种牲畜喜欢采食，成熟后仅骆驼喜食，其他家畜很少采食。秋季刈割制成干草粉或颗粒料，可提高其利用价值。此外，种子含油量高，是药食兼用资源，也是重要

蜜源植物，同时骆驼刺抗逆境能力强，是脆弱生态环境的修复物种，有重要生态价值。

沙冬青

【拉丁名】*Ammopiptanthus mongolicus*。

【别名】蒙古黄花木、冬青、蒙古沙冬青等。

【科属】豆科沙冬青属多年生灌木有毒植物。

【形态特征】株高 1.5 ～ 2 m，粗壮，树皮黄绿色；茎多叉状分枝，圆柱形；小叶 3 枚，偶为单叶，叶柄长 5 ～ 15 mm，小叶菱状椭圆形或阔披针形；苞片卵形，花梗长约 1 cm；花冠黄色，花瓣均具长柄，旗瓣倒卵形；子房具柄，线形，无毛；荚果扁平，线形；种子 2 ～ 5 粒，圆肾形；花期 4—5 月，果期 5—6 月。

【分布与生境】分布于内蒙古、宁夏、甘肃、新疆等地，尤其在内蒙古巴彦淖尔、阿拉善和鄂尔多斯有成片沙冬青灌丛，为北方荒漠半荒漠沙区旱生常绿灌木，列入国家二级保护植物。生长于海拔 1 000 ～ 1 200 m 的荒漠、半荒漠及沙化地带、砾石山坡或山前冲积平原。

【毒性部位】树皮、嫩枝、叶和种子有毒。

【毒性成分与危害】含黄花木素、拟黄花木素等生物碱。主要危害山羊和绵羊，一般情况下，放牧牲畜不会主动采食沙冬青，但在春季或遇干旱年份可食牧草匮乏时，牲畜因饥饿被迫采食其幼嫩枝叶、花或啃食其树皮引起中毒，表现为结膜发绀、口吐白沫、呼吸急促、心跳加快、腹胀或腹痛，多在 2 ～ 4 h 内死亡。种子总生物碱小鼠口服 LD$_{50}$ 为 588.71 mg/kg。

【毒性级别】有毒。

【用途】沙冬青耐干旱、耐盐碱、耐贫瘠，可作为防风固沙、保持水土、生态修复物种利用，为国家二级保护植物。

丛生黄芪

【拉丁名】*Astragalus confertus*。

【别名】丛生黄耆。

【科属】豆科黄芪属多年生草本有毒植物。

【形态特征】根粗壮，木质，直伸；茎多数丛生，高 5 ～ 15 cm；奇数羽状复叶，托叶与叶柄离生，小叶卵形或长圆状卵形，两面被白色伏贴柔毛，具短柄；总状花序，具花 6 ～ 8 朵，密集呈头状，总花梗近顶生，通常较叶短，被白色或混有黑色伏贴柔毛；子房线形，被伏贴短柔毛，具短柄；荚果长圆形，稍弯曲，两端尖，被伏贴短柔毛，果颈较宿萼稍短，1 室，有少数种子；花期 7—8 月，果期 8—9 月。

【分布与生境】分布于青海西南部、四川西北部、西藏等地。生长于海拔 3 500 ～ 5 300 m 的河边沙地、高山草甸、林缘草甸、河滩沙地或砾石坡地。

【**毒性部位**】全草，花期及荚果成熟期毒性最强。

【**毒性成分与危害**】含脂肪族硝基化合物。单胃动物敏感，反刍动物有一定耐受性。急性中毒表现为虚弱、心率加快、呼吸窘迫、昏迷，慢性中毒表现为肌肉无力、运动不协调、神经关节运动障碍。反刍动物适量采食不会引起中毒，但采食超过安全水平可引起中毒。

【**毒性级别**】小毒。

【**用途**】丛生黄芪具有较强的抗逆境生长特性，可作为防风固沙、保持水土、生态修复物种利用。

哈密黄芪

【**拉丁名**】*Astragalus hamiensis*。

【**别名**】哈密黄耆、疯草、醉马草、醉羊草。

【**科属**】豆科黄芪属多年生草本有毒植物。

【**形态特征**】茎直立，多分枝，高 20 ～ 40 cm，被灰白色伏贴柔毛；羽状复叶 5 ～ 9 枚，长 4 ～ 5 cm，具短柄；总状花序，具花 6 ～ 15 朵，排列较紧密；总花梗长 5 ～ 8 cm，苞片披针形，较花梗长，被白色伏贴

毛；子房无柄，被白色伏贴毛；荚果细圆柱形，微弯，长 3 ～ 4 cm，宽 2 ～ 3 mm，被白色伏贴毛或半开展毛，2 室，种子多数；花期 4—5 月，果期 6—8 月。

【分布与生境】分布于内蒙古阿拉善、甘肃敦煌、新疆哈密。生长于海拔 800 ～ 1 700 m 的荒漠化滩地、砾石坡地或沙漠戈壁。

【毒性部位】全草，花果期毒性最强。

【毒性成分与危害】含吲哚里西啶生物碱苦马豆素。主要危害马、牛、羊、骆驼等放牧牲畜，一般呈现慢性蓄积性毒性。牲畜在连续采食哈密黄芪 1 个月后发生中毒，主要表现为中枢神经系统机能紊乱和运动机能障碍。早期呈现精神沉郁、摇头、目光呆滞、反应迟钝、步态蹒跚；后期出现后肢无力、后躯麻痹、卧地不起，严重者导致死亡。

【毒性级别】有毒。

【用途】哈密黄芪抗逆境能力强，可作为荒漠戈壁植被生态修复物种利用。药理研究发现，其所含苦马豆素有抗肿瘤和免疫增强活性。

马衔山黄芪

【拉丁名】*Astragalus mahoschanicus*。

【别名】马衔山黄耆。

【科属】豆科黄芪属多年生草本有毒植物。

【形态特征】株高 10 ～ 30 cm；根粗壮，直伸；茎直立，细弱，具条棱，有疏柔毛；羽状复叶，小叶 13 ～ 19 枚，椭圆形，先端钝，基部圆，表面无毛，背面被平伏柔毛；小叶近无柄，托叶离生、披针形、被毛；总状花序腋生，密集呈圆柱状；总花梗长达 10 cm，被黑毛或混有白色伏贴柔毛，苞片披针形；花萼钟状，萼齿短，被黑色柔毛；花冠黄色，旗瓣长圆形，基部无爪，翼瓣较龙骨瓣长，具爪；子房被柔毛，具短柄；荚果近球形，被柔毛，种子肾形，栗褐色；花期 6—7 月，果期 7—8 月。

【分布与生境】分布于内蒙古、甘肃、青海、新疆、四川西北部。生长于海拔 1 800 ～ 4 500 m 的山坡草原、草甸草原或荒漠砾石地。

【毒性部位】全草。

【毒性成分与危害】含脂肪族硝基化合物。单胃动物敏感，反刍动物有一定耐受性。急性中毒多突然发生，表现为虚弱、心率加快、呼吸窘迫、缺氧、昏迷等；慢性中毒表现为肌无力、动作不协调、步态不稳、后肢无力、神经关节运动障碍，严重时后肢麻痹不能站立。反刍动物适量采食不会引起中毒，但采食超过安全水平可引起中毒。

【毒性级别】小毒。

【用途】藏药，全草入药，有利尿、促进血管愈合功效，外用治创伤。现代药理研究表明，马衔山黄芪具有免疫调节功能，对肿瘤转移和生长有抑制作用。

多枝黄芪

【拉丁名】*Astragalus polycladus*。

【别名】多枝黄耆。

【科属】豆科黄芪属多年生草本有毒植物。

【形态特征】根粗壮；茎多数，纤细，丛生，平卧或上升，被灰白色伏贴柔毛或混有黑色毛；奇数羽状复叶，叶柄向上逐渐变短；托叶离生，披针形；小叶披针形或近卵圆形，先端钝尖或微凹，两面被白色伏贴柔毛，具短柄；总状花序生花多数，密集呈头状；总花梗腋生，苞片膜质，线形，花梗极短；花萼钟状，萼齿线形，花冠红色或紫色，旗瓣倒卵圆形，翼瓣与旗瓣近等长，具短耳，龙骨瓣较翼瓣短；子房线形，被白色或黑色短柔毛；荚果长圆形，微弯，先端尖，种子多数；花期7—8月，果期9—10月。

【分布与生境】分布于西藏、四川、青海、甘肃、新疆等地。生长于海拔2 000 ～ 3 300 m的山坡、路旁、河滩、沟谷或阶地砾石地。

【毒性部位】全草。

【毒性成分与危害】含少量脂肪族硝基化合物。是天然草原优良豆科牧草，为各类放牧牲畜所喜食。适量采食不会引起中毒，但若连续过量采食有引起中毒的风险。单胃动物敏感，反刍动物有一定耐受性。

【毒性级别】小毒。

【用途】藏药，全草入药，主治肝硬化、腹水、烦闷、疮热等病症。多枝黄芪返青早，枯萎晚，耐牧力强，是一种良好的水土保持和固沙植物，特别在气候寒冷、植物稀少、水土流失严重地区，具有较大生态价值。

茎直黄芪

【拉丁名】*Astragalus strictus*。

【别名】笔直黄耆、劲直黄耆、疯草、藏语通查、通扎、饿治轮等。

【科属】豆科黄芪属多年生草本有毒植物。

【形态特征】根圆柱形，淡黄褐色；株高 15 ～ 28 cm，茎丛生，直立或上升，疏被白色伏毛，具细棱；羽状复叶，叶柄与叶轴疏被白色与黑色短柔毛；小叶对生，狭椭圆形或披针形，先端尖或钝，正面无毛或被疏毛，背面疏被白色柔毛；总状花序腋生，生多数花，密集而短；花萼密被黑色柔毛，花冠紫红色或蓝紫色，旗瓣宽倒卵形；荚果狭卵形或狭椭圆

形，微弯，被褐色短柔毛，1 室；种子多粒，褐色，宽肾形；花期 6—8 月，果期 8—10 月。

【分布与生境】分布于西藏、青海西南部、云南西北部，尤其在冈底斯山东南部的日喀则、拉萨、山南和林芝等地的退化草地已形成优势群落。生长于海拔 2 900 ～ 4 800 m 的山坡草地、河边湿地、河滩砾石地或村旁等。

【毒性部位】全草。

【毒性成分与危害】含吲哚里西啶生物碱苦马豆素。危害各种动物，尤其是放牧牲畜，马属动物最敏感，其次绵羊、山羊和牛，牦牛有一定耐受性。一般情况下，当地牲畜有识别能力，不会主动采食，但在冬春缺草季节或饥饿时，连续大量采食引起慢性中毒。中毒症状以中枢神经系统机能紊乱和运动障碍为特征，初期表现为精神沉郁、摇头、目光呆滞、反应迟钝、步态蹒跚；中后期表现为后肢无力、后躯麻痹、卧地不起，重者死亡。

【毒性级别】有毒。

【用途】为豆科植物，营养价值高，在缺草地区可在盛花期采收，经青贮脱毒或控制饲喂量可作为牧草资源利用。茎直黄芪耐寒旱、耐贫瘠，具有防

风固沙、保护草地植被等生态功能。药理研究发现，茎直黄芪所含苦马豆素有抗肿瘤和免疫增强活性，可作为药源植物利用。

变异黄芪

【拉丁名】*Astragalus variabilis*。

【别名】疯草、醉马草，蒙古语洁日图 - 好恩其日。

【科属】豆科黄芪属多年生草本有毒植物。

【形态特征】根粗壮，黄褐色，木质化；茎丛生，直立或稍斜升，有分枝，高 10 ～ 20 cm，被灰白色伏贴毛；羽状复叶，有小叶，叶柄短，小叶狭长圆形或线状长圆形，上面疏被白色伏贴毛，下面灰绿色，毛

较密；总状花序，总花梗较叶柄稍粗，花萼管状钟形，被黑色、白色混生伏贴毛；花冠淡紫红色或淡蓝紫色，子房被毛；荚果线状长圆形，稍弯，两侧扁平，被白色伏贴毛；花期5—6月，果期6—8月。

【分布与生境】分布于内蒙古、宁夏、甘肃、青海、新疆等地。特别是在内蒙古阿拉善、甘肃武威、青海格尔木、新疆哈密等地的沙漠化退化草地形成优势群落。生长于海拔900～1 900 m的荒漠半荒漠沙地、干涸河床砂质冲积处或戈壁砾石地。

【毒性部位】全草，以花期及花果期毒性最大。

【毒性成分与危害】含吲哚里西啶生物碱苦马豆素。主要危害马属动物、羊、牛和骆驼，人长期接触会引起头昏、恶心或皮肤过敏等症状。各种放牧牲畜被迫采食1～2个月后呈现慢性中毒，主要症状以中枢神经系统机能紊乱和运动功能障碍为特征，中毒初期表现为精神沉郁、头部水平震颤、目光呆滞、反应迟钝、步态蹒跚；中后期表现为后肢无力、后躯麻痹、卧地不起，严重者导致死亡。

【毒性级别】有毒。

【用途】为豆科植物，营养价值高，在缺草地区可在盛花期采收，经青贮脱毒或控制饲喂量可作为牧草资源利用。变异黄芪耐寒旱、耐贫瘠、耐盐碱，具有防风固沙、保护草地植被等生态功能。现代研究发现，变异黄芪可作为药源植物开发利用。

鬼箭锦鸡儿

【拉丁名】*Caragana jubata*。

【别名】鬼见愁、藏锦鸡儿、狼麻等。

【科属】豆科锦鸡儿属多年生有害植物。

【形态特征】多刺矮灌木,直立或横卧,高 1～3 m,基部分枝,茎多刺,树皮深灰色或黑色;羽状复叶,叶集生于枝条的上部,小叶长椭圆形,先端有针尖,两面疏被长柔毛;花单生,花梗短;花萼筒状,萼齿披针形;花冠蝶形,淡红色或近白色;子房长椭圆形,密被长柔毛;荚果长椭圆形,顶端具尖头,密被丝状柔毛;花期 5—7 月,果期 8—9 月。

【分布与生境】分布于内蒙古、山西、河北、青海、西藏、新疆、甘肃、宁夏、四川等地。生长于海拔 1 800～4 700 m 的阴坡灌丛、河谷林缘或砾石山坡。

【有害部位与危害】植株成熟后具坚硬针状刺,可造成放牧牲畜机械性损伤。

【毒性级别】无毒。

【用途】属中等饲用植物,春季幼嫩枝叶及花适口性较好,放牧牲畜喜食。药用,有祛风除湿、活血通络、消肿止痛等功效,主治乳痈、疮疖肿痛、咽喉肿痛等病症。

柠条锦鸡儿

【拉丁名】*Caragana korshinskii*。

【别名】柠条、黄金条、大柠条、白柠条、毛条等。

【科属】豆科锦鸡儿属多年生有害植物。

【形态特征】灌木，株高 1～5 m，根系发达，深 5～6 m；老枝金黄色，有光泽，具条棱，嫩枝被白色柔毛；羽状复叶，小叶 6～8 对，小叶披针形或狭长圆形，两面密被白色伏贴柔毛；花梗密被柔毛，花萼管状钟形，密被伏贴短柔毛；花冠黄色，蝶形，子房披针形，无毛；荚果稍扁，披针形或短圆状披针形，深红褐色；种子多数，黄褐色或褐色；花期 5 月，果期 6 月。

【分布与生境】分布于内蒙古西部、陕西北部、宁夏、甘肃、青海、新疆等地。生长于海拔 900～4 300 m 的固定沙丘、半固定沙丘、荒漠半荒漠沙地、砾石地或干旱贫瘠的黄土高原丘陵区。

【有害部位与危害】成熟植株或荚果具坚硬的锐刺，可造成放牧牲畜机械性损伤。

【毒性级别】无毒。

【用途】柠条锦鸡儿抗逆性极强，是优良防沙固沙植物和水土保持植物；枝叶繁茂，产草量高，营养丰富，枝叶幼嫩时适口性好，可被牲畜采食，秋季收割粉碎加工成草粉或草颗粒，可作为牲畜蛋白质补充饲料利用；也是荒漠草原重要的蜜源植物。

锦鸡儿

【拉丁名】*Caragana sinica*。

【别名】金雀花、黄雀花、土黄豆、阳雀花、老虎刺、小叶锦鸡儿等。

【科属】豆科锦鸡儿属多年生有毒有害植物。

【形态特征】灌木，高 1 ～ 2 m；树皮深褐色；小枝具棱，无毛；小叶 2 对，羽状，有时假掌状，厚革质或硬纸质，倒卵形或长圆状倒卵形；花单生，花梗长，中部有关节；花萼钟状，花冠黄色，常带红色，子房无毛；荚果圆筒状；花期 4—5月，果期 7 月。

【分布与生境】分布于河北、山东、陕西、江苏、浙江、安徽、江西、湖北、湖南、四川、贵州、云南等地。生长于海拔约 1 800 m 的山坡林缘、灌丛、山坡石缝、平原、路旁，或人工栽培。

【有害部位与危害】成熟植株刺坚硬，可造成放牧牲畜机械性损伤。幼嫩时适口性良好，动物喜欢采食，成熟后刺坚硬，易刺伤动物口腔黏膜和腹下皮肤，严重时常引起死亡。而且芒刺混入羊毛时影响毛的品质。

【毒性级别】茎和叶有小毒，含金雀花碱等生物碱。

【用途】根皮入药，有滋阴、活血、健脾等功效，主治咳嗽、头晕腰酸、乳痈、跌打损伤等病症。锦鸡儿营养价值较高，可作为饲用植物利用，也可作为园林花卉或防沙固沙植物广泛栽培。

羽扇豆

【拉丁名】*Lupinus micranthus*。

【别名】多叶羽扇豆、鲁冰花。

【科属】豆科羽扇豆属草本有毒植物。

【形态特征】一年生草本，株高 50～100 cm，茎上升或直立，基部分枝，全株被棕色或锈色硬毛；掌状复叶，小叶 5～8 枚；小叶倒卵形、倒披针形至匙形，两面均被硬毛；总状花序顶生，较短，花冠蓝色；荚果长圆状线形，密被棕色硬毛；种子 3～4 粒，卵形，扁平，黄色，具棕色或红色斑纹，光滑；花期 3—5 月，果期 6—7 月。

【分布与生境】原产于美国加利福尼亚，现在我国东北、华北、华南、西南地区栽培。多生长于肥沃、排水良好的沙质土壤。

【毒性部位】全草，种子毒性最大。

【毒性成分与危害】含羽扇豆碱、白羽扇豆碱、臭豆碱等多种生物碱。对各种动物均有毒性，以绵羊发病最多，山羊次之，牛、马、猪也有发生。动物大量采食全草或种子后可引起以消化机能障碍、可视黏膜黄染、坏死性皮炎以及神经症状为特征的中毒。母牛在妊娠 40～70 d 采食可引起胎儿畸形，表现为肢体变形、关节弯曲、脊柱侧凸、斜颈、腭裂等。

【毒性级别】有毒。

【用途】饲用植物，羽扇豆营养价值高，可作为蛋白质饲料利用，一定要控制添加量在日粮的 10 %～15 %，或经脱毒处理后饲喂。观赏植物，羽

扇豆形态特别，花序颜色美丽，可作为园林景观植物栽培，或用作盆栽、鲜切花。

无刺含羞草

【拉丁名】*Mimosa invisa*。

【别名】无。

【科属】豆科含羞草属多年生有毒植物。

【形态特征】直立、矮小灌木或亚灌木状草本；茎攀缘或平卧，长达 60 cm，五棱柱状；二回羽状复叶，羽片 4 ～ 8 对，小叶 12 ～ 30 对，线状长圆形，被白色长柔毛；花紫红色，圆球状，花量极多，密布叶丛中，花萼极小，4 齿裂；花冠钟状；雄蕊 8，花丝长为花冠的数倍；子房圆柱状，花柱细长；荚果长圆形；花期 3—6 月，果期 7—10 月。

【分布与生境】原产于美洲，现分布于我国广东、广西、海南、云南等地。生长于低丘陵、旷野、荒地或平地。

【毒性部位】全草，花蕾至种子成熟期含毒量最高，叶比茎含毒量高。

【毒性成分与危害】含有含羞草碱和皂素。牛、羊误食可引起中毒，急性中毒主要表现为神经症状、肌肉震颤、角弓反张、瞳孔散大、心跳减慢、节律不齐，最后衰竭死亡；慢性中毒多在采食后 24 h 出现症状，表现为精神不振、食欲、反刍减少，甚至废绝，鼻镜干燥，瘤胃积食并胀气，粪便少、干硬，表面有黏液及潜血，尿少，蛋白尿，水肿，可视黏膜发绀。

【毒性级别】有毒。

【用途】全草入药，有安神镇定、止痛、收敛等功效，主治神经衰弱、失眠，还有清热、利尿、降血压作用。观赏植物，花与叶幽雅美丽，用于盆栽观赏或环境绿化。绿肥植物，氮、磷、钾等养分含量高，易种易管，适合绿肥种植。

急弯棘豆

【拉丁名】*Oxytropis deflexa*。

【别名】醉马草、疯草。

【科属】豆科棘豆属多年生草本有毒植物。

【形态特征】茎直立，株高 2～12 cm，灰绿色，被展开长柔毛；羽状复叶长 5～20 cm，小叶 25～51 枚，卵状长圆形，两面被伏贴柔毛；多花组成穗形总状花序，花排列较密，总花梗长 7～25 cm，被开展长柔毛；花小，下垂，花萼钟状，被白色间生黑色长柔毛；花冠淡蓝紫色；荚果

膜质，下垂，长圆状椭圆形，微凹陷，顶端具喙，被展开长柔毛，1室，果柄长；花期6—7月，果期7—9月。

【分布与生境】分布于青海、甘肃、新疆、四川、内蒙古、山西等地。生长于海拔800～3 300 m的河谷滩地、亚高山灌丛草甸、杂草草甸或草原灌丛砾石地。

【毒性部位】全草。

【毒性成分与危害】含吲哚里西啶生物碱苦马豆素。危害各种动物，马和羊敏感，中毒症状同其他棘豆属有毒植物，主要表现为精神沉郁、反应迟钝、头部水平震颤、步态蹒跚和后肢站立不稳等神经机能障碍，还可影响家畜繁殖和品种改良，严重者导致中毒死亡。目前，急弯棘豆在青海和甘肃局部地区的天然草地形成优势种群，牲畜采食引起中毒的现象比较严重。

【毒性级别】有毒。

【用途】全草入藏药，主治脓毒病、中毒、牙痛等病症。

镰形棘豆

【拉丁名】*Oxytropis falcata*。

【别名】镰荚棘豆、疯草、藏语大夏、达哈。

【科属】豆科棘豆属多年生草本有毒植物。

【形态特征】株高1～35 cm，根直径6 mm，直根深暗红色，植株有黏性；茎缩短，木质而多分枝，丛

生；羽状复叶，叶轴密被长柔毛；小叶 25 ～ 45 枚，互生，少有 4 枚轮生，条状披针形，密被腺体和长柔毛；花多数，排成近头状的总状花序，花萼筒状，花冠紫红色；荚果革质，长 2.5 ～ 3.5 cm，宽 6 ～ 8 mm，稍膨胀，略呈镰刀状弯曲，被腺体和白色短柔毛；种子多数，肾形，棕色；花期 5—7 月，果期 7—8 月。

【分布与生境】分布于甘肃、青海、四川、西藏、新疆等地。生长于海拔 2 700 ～ 4 300 m 的山坡草地、河滩砾石地、山坡砾石地或高山灌丛草甸。

【毒性部位】全草。

【毒性成分与危害】含吲哚里西啶生物碱苦马豆素。各种动物均可中毒，马、绵羊最敏感，中毒症状同其他有毒棘豆，多呈现慢性中毒，主要表现为神经机能障碍和运动机能障碍。目前，牲畜镰形棘豆中毒在青海、西藏、甘肃等西部退化草地比较严重，该草成为制约当地草地畜牧业发展的主要有毒植物。

【毒性级别】有毒。

【用途】全草入藏药，是传统藏药材药源植物，有清热解毒、生肌疗疮等功效。内服主治流行性感冒、扁桃体炎、气管炎、痈疽肿毒、麻风等病症；外敷用于创伤、肿痛、骨折，民间多用于刀伤治疗。目前，临床上使用的流感丸、奇正消痛贴膏及青鹏软膏等藏药，组方中都有镰形棘豆。

硬毛棘豆

【拉丁名】*Oxytropis fetissovii*。

【别名】毛棘豆、疯草。

【科属】豆科棘豆属多年生草本有毒植物。

【形态特征】茎极缩短或无地上茎，株高 20～40 cm，全株被长硬毛；单数羽状复叶，基生；小叶 5～19 枚，卵状披针形或长椭圆形；多花组成密长穗形总状花序，长 5～15 cm，花多而密集，总花梗粗壮；花淡紫色或淡黄色，花萼筒状，密被毛；荚果藏于萼内，长卵形，密被白色长硬毛；花期 6—7 月，果期 7—8 月。

【分布与生境】分布于黑龙江、吉林、辽宁、内蒙古、河北、山西、陕西、甘肃等地。生长于海拔 800～2 020 m 的丘陵坡地、石质山地和疏林、覆沙坡地、山坡草地或干旱草原。

【毒性部位】全草。

【毒性成分与危害】含吲哚里西啶生物碱苦马豆素。危害各种动物，马、绵羊最敏感，中毒症状与其他有毒棘豆基本相似。中毒后主要表现为神经机能障碍和运动机能障碍，严重者导致死亡，可影响家畜繁殖和品种改良。

【毒性级别】有毒。

【用途】全草入蒙药，有清热、燥湿、生肌、止血、消肿等功效，主治腮腺炎、麻疹、鼻出血、月经过多、吐血等病症。

小花棘豆

【拉丁名】*Oxytropis glabra*。

【别名】醉马草、醉马豆、神经草、急拉蔓、疯草等。

【科属】豆科棘豆属多年生草本有毒植物。

【形态特征】主根粗，根系发达；茎匍匐或呈放射状生长，多分枝，被白色平伏短毛，枝条多数，20～90条；奇数羽状复叶，互生，小叶长椭圆形，表面被灰色平伏柔毛，托叶矩圆形，苞片披针形；总状花序着生叶腋，较叶长，具小花10～30朵，总花梗长5～15 cm；花萼钟形，具白色短毛，花冠蓝紫色，蝶形；旗瓣倒卵形，顶端近截形；荚果下垂，长圆形，在腹线具深槽，膨胀，顶端渐尖，具弯喙，被硬毛及柔毛，种子多数；花期7—8月，果期9—10月。

【分布与生境】分布于内蒙古、宁夏、甘肃、陕西、新疆等地。尤其是在内蒙古阿拉善和鄂尔多斯、甘肃河西走廊北部、新疆塔里木河流域的沙化草地已形成优势种群。生长于海拔440～3 400 m的干旱半干旱荒漠草原、河谷阶地、沙丘边缘或沙漠低洼地。

【毒性部位】全草。

【毒性成分与危害】含吲哚里西啶生物碱苦马豆素。马属动物最敏感，羊、牛、骆驼次之。目前，在内蒙古、甘肃及新疆等草原牧区每年都有牲畜中毒的情况发生。一般情况下，可食牧草茂盛时牲畜不采食，但在缺草季节因饥饿采食引起慢性中毒。

【毒性级别】有毒。

【用途】全草药用，有麻醉、镇静、止痛等功效，主治关节痛、牙痛、神经衰弱、皮肤瘙痒等病症。现代药理研究表明，小花棘豆所含苦马豆素有增强免疫、抗病毒、抗肿瘤、抗辐射作用。

冰川棘豆

【拉丁名】*Oxytropis glacialis*。

【别名】疯草、醉马草，藏语通扎。

【科属】豆科棘豆属多年生草本有毒植物。

【形态特征】株高 3～17 cm，茎极缩短，丛生；羽状复叶长 2～12 cm；叶轴具极小腺点；小叶 9～19 枚，长圆形或长圆状披针形，两面密被开展绢状长柔毛；花 6～10 朵组成球形或长圆形总状花序；总花梗密被白色和黑色卷曲长柔毛；花冠紫红色、蓝紫色、偶有白色；子房含胚珠 8 颗，密被毛；荚果草质，卵状球形或长圆状球形，膨胀，喙直，密被白色、黑色短柔毛，无隔膜，1 室；花期 6—8 月，果期 9—10 月。

【分布与生境】分布于西藏羌塘草原，在西藏阿里地区荒漠化草地已形成优势种群。生长于海拔 4 500～5 400 m 的砾石山坡、河滩砾石地或山坡草地。

【毒性部位】全草，冬季干枯萎后仍保留毒性。

【毒性成分与危害】含吲哚里西啶生物碱苦马豆素。马属动物最敏感，其次为羊和牦牛，尤其对羔羊的危害较为突出。中毒牲畜主要表现为消瘦、生长缓慢、反应迟钝、呆立、头部水平震颤、行走困难、四肢无力、后躯麻痹，最后衰竭死亡。近年来，冰川棘豆迅速滋生蔓延，已成为危害阿里地区草原畜牧业发展的主要有毒植物。

【毒性级别】有毒。

【用途】冰川棘豆耐寒旱、耐贫瘠、抗风沙、抗逆性很强，特别能在高海拔地区生长繁殖，对高寒荒漠化草地修复具有重要生态价值。

甘肃棘豆

【拉丁名】*Oxytropis kansuensis*。

【别名】疯草、醉马草、马绊肠、团巴草。

【科属】豆科棘豆多年生草本有毒植物。

【形态特征】株高 10 ～ 20 cm，茎细弱，铺散或直立，基部分枝斜伸，疏被白色长柔毛或黑色短柔毛；奇数羽状复叶长 5 ～ 10 cm，叶轴上面具沟；小叶 13 ～ 25 枚，卵状长圆形或披针形，两面密被长柔毛；多花组成头状总状花序，花萼筒状，密被贴伏黑色或白色长柔毛，萼齿线形，较萼筒短或等长，花冠黄色；子房疏被黑

色短柔毛，具短柄；荚果纸质，膨胀，长圆形或长圆状卵形，密被贴伏黑色短柔毛，种子多数，淡褐色，扁圆肾形；花期6—8月，果期8—10月。甘肃棘豆植株较矮而柔弱、小叶较小、萼齿较萼筒短或近等长、花序和果序密而短等与黄花棘豆易于区别。

【分布与生境】分布于青海、甘肃、四川、西藏、新疆等地，尤其是在退化草地已形成优势种群。生长于海拔2 200～5 300 m的山坡草地、河边草地、沼泽、山坡林间砾石地、高山灌丛或高寒草甸。

【毒性部位】全草，枯萎后毒性减弱。

【毒性成分与危害】含吲哚里西啶生物碱苦马豆素。在自然状态下，能引起马和绵羊的慢性中毒，马中毒严重时头颈僵直、运动失调、呆滞、唇肌运动障碍、视力减退，进而出现视力障碍、采食和饮水困难、循环衰竭而死亡。绵羊中毒症状与马相似，母羊多发生流产和死胎。典型的病理学变化主要是神经组织、实质器官和腺体出现广泛的空泡变性。已成为危害我国西部天然草地畜牧业发展和生态安全的主要有毒植物之一。

【毒性级别】有毒。

【用途】全草入药，有解毒疗疮、止血、利尿等功效，主治水肿、疮疡、各种内出血等病症。甘肃棘豆所含苦马豆素具有增强免疫、抗病毒、抗肿瘤、抗辐射作用。

宽苞棘豆

【拉丁名】*Oxytropis latibracteata*。

【别名】疯草、醉马草，蒙古语乌日根 - 奥日图哲。

【科属】豆科棘豆属多年生草本有毒植物。

【形态特征】株高 5 ～ 15 cm，主根粗壮，黄褐色；茎缩短，多分枝，密丛；奇数羽状复叶长 4 ～ 15 cm，叶轴及叶柄密被绢毛，小叶对生或互生，卵形或披针形，两面密被白色或黄褐色绢毛；总状花序近头状，具花 5 ～ 9 朵；花萼筒状密被黑色或白色短柔毛，萼齿锥状三角形；花冠蓝紫色、紫红色或天蓝色；荚果卵状矩圆形，膨胀，密被黑色或白色短柔毛；花期 6—7 月，果期 8—9 月。

【分布与生境】分布于甘肃、青海、四川、西藏、新疆、内蒙古等地。生长于海拔 1 700 ～ 4 200 m 的山前冲积滩地、河滩、山坡草地、亚高山灌丛草甸或杂草草甸。

【毒性部位】全草。

【毒性成分与危害】含吲哚里西啶生物碱苦马豆素。危害各种动物，中毒表现与其他有毒棘豆相似。据报道，每天按 10 g/kg 体重给绵羊投服宽苞棘豆干草粉，在 16 ～ 18 d 出现轻度中毒，25 ～ 30 d 出现严重中毒，主要病理组织学变化为神经细胞及肝肾等实质器官细胞颗粒变性及空泡变性。

【毒性级别】有毒。

【用途】全草入蒙药和藏药，有利水、消肿、清热、止泻等功效，主治水肿、气肿、尿闭、肺热等病症。现代药理研究表明，宽苞棘豆乙酸乙酯提取物对小麦赤霉病菌、番茄灰霉病菌、番茄早疫病菌、烟草赤星病菌、苹果炭疽病菌有一定抑制作用，可作为生物农药开发利用。

多叶棘豆

【拉丁名】*Oxytropis myriophylla*。

【别名】狐尾藻棘豆、鸡翎草。

【科属】豆科棘豆属多年生草本有毒植物。

【形态特征】株高达 30 cm，被白色或黄色长柔毛；茎缩短，丛生；轮生羽状复叶，托叶膜质，卵状披针形，基部与叶柄贴生，密被黄色长柔毛；叶柄与叶轴密被长柔毛；小叶每轮对生，线形、长圆形或披针形，先端渐尖，基部圆形；多花组成紧密或较疏松总状花序，疏被长柔毛；花萼筒状，花冠淡红紫色，旗瓣长椭圆形；荚果披针状椭圆形，膨胀，密被长柔毛，隔膜稍宽；花期5—6月，果期7—8月。

【分布与生境】分布于黑龙江、吉林、辽宁、内蒙古、河北、山西、陕西、宁夏等地。生长于海拔 1 200 ～ 1 700 m 的丘陵、轻度盐渍化沙地、石质山坡或低山坡草地。

【毒性部位】全草。

【毒性成分与危害】不详。

【毒性级别】小毒。

【用途】入蒙药，有清热解毒、消肿、祛风湿、止血等功效，主治流感、咽喉肿痛、痈疮肿毒、瘀血肿胀等病症。现代药理研究发现，多叶棘豆含有多种黄酮类成分，具有抗氧化和清除自由基的作用。

黄花棘豆

【拉丁名】*Oxytropis ochrocephala*。

【别名】醉马草、疯草、马绊肠、团巴草等。

【科属】豆科棘豆属多年生草本有毒植物。

【形态特征】株高 10 ～ 50 cm，茎粗壮，直立，绿色；羽状复叶长 10 ～ 19 cm；小叶 17 ～ 31 枚，草质，卵状披针形，两面贴伏黄色和白色短柔毛；多花组成密总状花序，总花梗长 10 ～ 25 cm，直立，坚实，花冠黄色；子房贴伏黄色和白色柔毛，具短柄；荚果革质，长圆形，膨胀，密被黑色短柔毛，1 室，果梗长；花期 6—7 月，果期 8—9 月。

【分布与生境】分布于青海、甘肃、宁夏、四川、西藏等地，尤其是在青海东南部、甘肃祁连山北坡、宁夏南部、四川西北部天然退化草地形成优势种群。生长于海拔 1 900 ～ 5 200 m 的平原草地、山坡草地、高山草甸、沼泽、干河谷阶地或林间草地。

【毒性部位】全草，花果期毒性大，枯萎后仍有毒性。

【毒性成分与危害】含苦马豆素、黄华碱、臭豆碱、白羽扇豆碱等多种生物碱，主要有毒成分为苦马豆素。可引起各种动物慢性积累性中毒，马属动物最为敏感，其次是牛、羊，中毒表现同其他有毒棘豆。研究表明，山羊每天给黄花棘豆干草粉 10 g/kg 体重，18 ～ 22 d 出现中毒症状，表现为精神沉郁、目光呆滞、反应迟钝、喜卧、四肢无力、后肢麻痹等，33 ～ 65 d 死亡。中毒羊血浆 α- 甘露糖苷酶活性降低，尿低聚糖含量升高，病理组织学变化以小脑蒲肯野氏细胞、肝细胞和胰腺腺泡细胞空泡变性为特征。已成为危害我国西部草地畜牧业发展的主要有毒植物之一。

【毒性级别】有毒。

【用途】全草入药，有止血、利尿、解毒疗疮等功效，主治内出血、水肿、疮疡等病症，藏医药用于治疗培根病、肺热咳嗽、体虚水肿、脾虚泄泻等。现代药理研究表明，黄花棘豆所含生物碱、黄酮类和三萜皂苷等有抗肿瘤、抗病毒、杀虫抑菌、抗缺氧等作用。

砂珍棘豆

【拉丁名】*Oxytropis racemosa*。

【别名】砂棘豆、泡泡草、泡泡豆等。

【科属】豆科棘豆属多年生草本有毒植物。

【形态特征】株高 10 ～ 15 cm，全株被长柔毛；几为无茎，叶多数，小叶对生或 4 ～ 6 枚轮生，线形或线状长圆形，全缘，两面被长柔毛；总状花序几头状，密花多生，蝶形花冠粉红色或带紫色，苞片线形，被长柔毛，花萼钟状，外面被长柔毛；荚果膜质，球状，膨胀，1 室，被短柔毛，种子肾状圆形，暗褐色；花期 5—7 月，果期 8—10 月。

【分布与生境】分布于陕西、内蒙古、宁夏、甘肃、山西、河北等地。生长于海拔 600 ～ 1 900 m 的沙质坡地、沙质丘陵坡地、沙地、沙滩、半固定沙丘或流动沙丘，是沙质草原群落的特有物种。

【毒性部位】全草。

【毒性成分与危害】含吲哚里西啶生物碱苦马豆素。绵羊、山羊和骆驼喜食，若连续大量采食可引起慢性中毒，中毒症状同其他有毒棘豆，主要表现为神经机能障碍和运动机能障碍。亚慢性毒性试验表明，每天给小鼠饲喂含 40 % 砂珍棘豆干草粉日粮，于饲喂的 88 d 起小鼠出现精神沉郁、目光呆滞等临床表现，血清 ALT 和 AST 活性升高，肝脏和肾脏等器官组织出现细胞空泡化。

【毒性级别】小毒。

【用途】全草入药，有消食健脾功效，主治小儿消化不良。砂珍棘豆通过引种驯化，可作为草原和荒漠草原补播改良的乡土草种。

毛瓣棘豆

【拉丁名】*Oxytropis sericopetala*。

【别名】疯草、醉马草、藏语哲玛。

【科属】豆科棘豆属多年生草本有毒植物。

【形态特征】株高 10 ～ 40 cm，根茎木质化，茎短，丛生，被灰色茸毛；羽状复叶，长 7 ～ 20 cm，托叶披针形，彼此合生至上部，与叶柄分离；小叶 13 ～ 31 枚，狭长圆形或长圆状披针形，两面被白色绢状长

柔毛；多花组成密穗形总状花序，花萼短钟形，花冠紫红色或蓝紫色，稀白色，旗瓣宽卵形，背面密被绢质短柔毛；子房密被长柔毛，胚珠 8 颗；荚果椭圆状卵形，扁或微膨胀，密被白色长柔毛，种子圆形；花期 5—7 月，果期 8—9 月。

【分布与生境】分布于西藏南部，在雅鲁藏布江及其支流两岸已形成优势种群。生长于海拔 2 900 ～ 4 450 m 的河滩沙地、砂页岩山地、沙丘、山坡草地或冲积扇砂砾地。

【毒性部位】全草。

【毒性成分与危害】含吲哚里西啶生物碱苦马豆素。危害各种动物，中毒表现与其他有毒棘豆相似。1986 年首次报道毛瓣棘豆可引起牲畜慢性中毒，

2006年有研究用添加15%、30%、45%和60%毛瓣棘豆干草粉日粮饲喂小鼠，1周后45%和60%剂量组小鼠出现中毒症状，初期表现为兴奋、惊厥，后期表现为精神沉郁、四肢无力、呼吸困难，严重者死亡。中毒小鼠病理组织学检查发现，大脑、心脏、肝脏、睾丸等组织器官出现空泡变性。是危害西藏草地畜牧业发展的主要有毒植物之一。

【毒性级别】有毒。

【用途】现代药理研究表明，毛瓣棘豆所含苦马豆素有增强免疫、抗病毒、抗肿瘤、抗辐射作用，可作为药源植物利用。毛瓣棘豆耐寒、耐干旱、耐贫瘠，结籽多繁殖力强，也可作为高寒荒漠草原乡土草种驯化，发挥脆弱草地生态修复功能。

毛序棘豆

【拉丁名】*Oxytropis trichophora*。

【别名】毛状棘豆、具毛棘豆。

【科属】豆科棘豆属多年生草本有毒植物。

【形态特征】株高10～20 cm，根粗、直伸；茎缩短，微被白色长硬毛；羽状复叶轮生，托叶于中部与叶柄贴生，分离部分披针形，先端渐尖；小叶7～12轮，通常每轮3～4枚，卵形至狭披针形；总状花序头状，总花梗长、粗壮、直立；苞片卵形，花萼筒状，被白色长柔毛，萼齿披针状线形；花冠上部蓝色，下部淡白色，旗瓣宽卵形，先端圆或微凹，具蓝紫色斑块；荚果革质，种子椭圆状长圆形，棕绿色；花期5—7月，果期8—9月。

【分布与生境】分布于河北、山西、陕西、甘肃等地。生长于海拔 810 ～ 2 000 m 的山坡草地或路旁草丛。

【毒性部位】全草。

【毒性成分与危害】含臭豆碱、鹰爪豆碱、苦马豆素等多种生物碱。细胞毒性试验证明，毛序棘豆各萃取部位强弱依次为碱性正丁醇段＞碱性氯仿段＞正丁醇段＞石油醚段＞二氯甲烷段，表明碱性正丁醇和碱性氯仿段是其主要毒性部位。

【毒性级别】小毒。

【用途】毛序棘豆粗蛋白质含量 10% 左右，可作为潜在的牧草资源利用。

苦豆子

【拉丁名】*Sophora alopecuroides*。

【别名】西豆根、苦甘草，维吾尔语布亚。

【科属】豆科苦参属多年生草本或亚灌木有毒植物。

【形态特征】株高约 1 m，芽外露，枝被灰色长柔毛或贴伏柔毛；奇数羽状复叶，叶互生，小叶 15 ～ 25 枚，披针状长圆形或椭圆状长圆形，灰绿色，两面被绢毛，顶端小叶较小；总状花序顶生，花多数密生，花冠蝶形，长 12 ～ 15 cm，白色或淡黄色；荚

果串珠状，长 8～13 cm，密被细绢状毛，种子多数，卵球形稍扁，褐色或黄褐色；花期 6—7 月，果期 8—10 月。

【**分布与生境**】分布于内蒙古、陕西、宁夏、甘肃、青海、新疆等地。地域分布南从鄂尔多斯经河西走廊至塔里木盆地，北由内蒙古高原经阿拉善高原、哈密盆地、吐鲁番盆地至准噶尔盆地。生长于荒漠半荒漠、半固定沙丘或固定沙丘的碱性沙质土壤。

【**毒性部位**】全草。

【**毒性成分与危害**】含苦参碱、氧化苦参碱、槐定碱、槐胺碱等多种喹诺里西啶生物碱。新鲜时有特殊气味，动物一般不主动采食，但缺草时因饥饿被迫采食引起急性中毒，当采食量占体重 2% 时即可引起死亡，秋季枯萎后毒性减弱动物喜欢采食。动物中毒后表现为精神兴奋、惊恐不安、体温下降、食欲废绝、结膜充血、黄染等症状。

【**毒性级别**】有毒。

【**用途**】种子入药，有清热解毒、抗菌消炎、抗肿瘤、杀虫等多种功效，主治痢疾、胃痛、白带过多、湿疹、疮疖、顽癣等病症，被列为我国北方荒漠区沙漠盐碱地重要的药用植物资源。苦豆子耐干旱、耐盐碱、抗风蚀，在沙质荒漠化地区可作为固沙植物和抗盐碱植物利用，具有生态修复功能。苦豆子富含蛋白质营养价值高，经脱毒处理后是一种可利用的饲草资源。

苦马豆

【拉丁名】*Sphaerophysa salsula*。

【别名】羊尿泡、羊卵蛋、红苦豆、尿泡草等。

【科属】豆科苦马豆属多年生草本有毒植物。

【形态特征】株高 20～60 cm，茎直立或下部匍匐，枝开展，具纵棱脊，全株被灰白色短伏毛；单数羽状复叶，小叶 13～19 枚，倒卵状长圆形或椭圆形，两面均被短柔毛；总状花序腋生，花萼钟状，花冠初时鲜红色，后变紫红色；荚果椭圆形至卵圆形，膨胀似膀胱状，种子肾形至近半圆形，褐色；花期 6—7 月，果期 8—9 月。

【分布与生境】分布于内蒙古、河北、山西、陕西、宁夏、甘肃、青海、新疆等地。生长于海拔 960～3 180 m 的盐碱化草甸、荒漠草原、沙质地、沟渠边缘或河滩林下。

【毒性部位】全草。

【毒性成分与危害】含吲哚里西啶生物碱苦马豆素。能引起各种动物中毒，马、绵羊最敏感，中毒症状同有毒棘豆。1998 年首次报道青海海西都兰县 1992—1997 年有 2 300 余只绵羊死于苦马豆中毒，中毒症状初期表现为极度兴奋、狂跳乱跑，继之转为精神沉郁、目光呆滞、步态蹒跚、头部水平颤动，最后后躯麻痹、衰竭死亡。

【毒性级别】小毒。

【用途】全草入药，有利尿、消肿、止血等功效，主治肾炎水肿、前列腺炎、慢性肝炎、肝硬化腹水、血管神经性水肿、产后出血等病症。苦马豆粗蛋白质含量达15%，是可利用的牧草资源，脱毒后可作为蛋白质饲料利用。

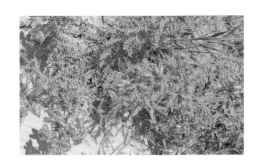

高山黄华

【拉丁名】*Thermopsis alpina*。

【别名】高山野决明。

【科属】豆科野决明属多年生草本有毒植物。

【形态特征】株高15～30 cm，根状茎发达，茎直立，分枝或单生，具沟棱，被开展的长柔毛；小叶3枚，长椭圆状倒卵形，先端急尖，基部渐狭，上面渐变无毛，下面密被开展长柔毛，托叶长圆状卵形；总状花序顶生，花黄色，轮生，每轮具花2～3朵，花萼钟状，萼齿披针形或三角形；荚果长椭圆形至披针形，直或微弯，密被短柔毛，种子肾形，微扁，褐色；花期5—6月，果期7—9月。

【分布与生境】分布于内蒙古、陕西、甘肃、青海、新疆、四川、西藏等地。生长于海拔4 400～5 000 m的高山草原、砾质荒漠、河滩沙地或湖边砾石地。

【毒性部位】全草。

【毒性成分与危害】含黄华碱、金雀花碱、鹰爪豆碱等喹诺里西啶类生物碱。新鲜时有特殊苦味，动物一般不会主动采食，但缺草时因饥饿被迫采食

第 **2** 章

毛茛科常见毒害草

短柄乌头

【**拉丁名**】*Aconitum brachypodum*。

【**别名**】雪上一支蒿、小白掌。

【**科属**】毛茛科乌头属多年生草本有毒植物。

【**形态特征**】块根胡萝卜形，茎高40～80 cm，疏被反曲而紧贴的短柔毛；叶密生，不分枝或分枝；叶片卵形或三角状宽卵形，3全裂，中央全裂片宽菱形，基部突变狭成长柄，二回近羽状细裂，小裂片线形；总状花序具7至多朵密集的花，轴和花梗密被弯曲而紧贴的短柔毛；苞片叶状，花梗近直展，小苞片着生花梗中部或上部；萼片紫蓝色，外面被短柔毛，上萼片盔形或盔

状船形，下缘向斜上方伸展，喙短；花瓣无毛，上部弯曲，瓣片长约7 mm，距短，向后弯曲；花丝疏被短毛，全缘或具2小齿；心皮5，子房密被斜展黄色长柔毛；花期9—10月。

【**分布与生境**】分布于云南西北部、四川西南部。生长于海拔2 800～3 700 m的高山草坡、岩石坡或疏林。

【**毒性部位**】全草，块根毒性大。

【**毒性成分与危害**】含乌头碱、次乌头碱等多种生物碱。对各种动物均有毒性，毒性作用及中毒症状与乌头相似。作为中药人服用过量可引起中毒，主要表现为消化系统、神经系统、循环系统毒性。

【**毒性级别**】大毒。

【**用途**】块根入药，有祛风除湿、消炎止痛等功效，主治风湿性关节炎、

跌打损伤、风湿骨痛、牙痛、疮疡肿毒、毒蛇咬伤等病症。块根也可作为生物农药，防治农作物病虫害，消灭蚊蝇幼虫等。

乌头

【拉丁名】*Aconitum carmichaeli*。

【别名】草乌、草乌头、黑乌头、独白草、鹅儿花、小脚乌等。

【科属】毛茛科乌头属多年生草本有毒植物。

【形态特征】块根呈圆锥形或卵形，通常 2～3 个连生，母根称乌头，旁生侧根称附子；外表茶褐色，内部乳白色，粉状肉质；茎高 100～130 cm；叶互生，革质，卵圆形，具柄，掌状二至三回分裂，裂片有缺刻；顶生总状

花序，于茎顶端叶腋间开蓝紫色花，花冠像盔帽，圆锥花序；萼片 5，花瓣 2；蓇葖果长圆形，由 3 个分裂的子房组成；种子黄色，三棱形，多而细小；花期 6—7 月，果期 8—9 月。

【分布与生境】分布于河南、山东、江苏、安徽、浙江、江西、广西、陕西、甘肃、四川、云南、贵州等地。生长于海拔 800 ～ 2 200 m 的山地、草地、丘陵、林缘或灌丛。

【毒性部位】全草，以根毒性最大，枯萎后块根剧毒。

【毒性成分与危害】含乌头碱、次乌头碱、异乌头碱等二萜类生物碱。对各种动物均有毒性。动物常因在乌头生长茂盛的地区放牧，导致误食而引起急性中毒，主要表现为流涎、呕吐、腹泻、心律失常、视觉听觉障碍、肌肉强直、运动障碍等症状。据报道，马采食乌头草达体重的 0.075% 即可致死。乌头中二萜类生物碱毒性很强，主要表现为神经毒性和心脏毒性。

【毒性级别】大毒。

【用途】块根入药，有祛风除湿、温经止痛等功效，主治风寒湿痹、关节疼痛、心腹冷痛、寒病作痛等病症，但毒性大，需经炮制后使用。现代药理研究发现，乌头中二萜类生物碱对人恶性神经胶质瘤细胞有较强的细胞毒性，能抑制肿瘤细胞的生长，具有较强的抗肿瘤活性；乌头花色美丽，可作为观赏植物利用。

黄花乌头

【拉丁名】*Aconitum coreanum*。

【别名】白附子、关白附、竹节白附、黄乌拉花。

【科属】毛茛科乌头属多年生草本有毒植物。

【形态特征】块根倒卵球形或纺锤形，茎高 30 ～ 100 cm，疏被反曲短柔毛，密生叶，不分枝或分枝；叶片宽菱状卵形，3 全裂，全裂片细裂，小裂片线形或线状披针形；叶柄长为叶片长的 1/4 或比叶片稍短，无毛，具狭鞘；顶生总状花序短，具花 2 ～ 7 朵，轴和花梗密被反曲短柔毛，下部苞片羽状

分裂，其他苞片不分裂，线形；萼片淡黄色，外面密被曲柔毛，上萼片船状盔形或盔形，侧萼片斜宽倒卵形，下萼片斜椭圆状卵形；花瓣无毛，瓣片狭长，距极短，头形；花丝全缘，疏被短毛；心皮3，子房密被紧贴的短柔毛；种子椭圆形，具3条纵棱，表面稍皱，沿棱具狭翅；花期7—8月，果期9—10月。

【分布与生境】分布于黑龙江、吉林、辽宁、河北、河南、山东、内蒙古等地。生长于海拔200～900 m的山坡草地、高山草丛、疏林或灌丛。

【毒性部位】全草，块根剧毒。

【毒性成分与危害】含乌头碱、次乌头碱等二萜类生物碱，主要毒性成分是乌头碱。乌头碱对迷走神经有强烈的兴奋作用，对中枢神经系统有先兴奋后抑制的作用，对感觉及运动神经末梢有兴奋和麻痹双重作用。尤其使延髓的迷走神经中枢感受最强，因而引起心律不齐、心率变慢、血压下降，最后导致中枢抑制和呼吸麻痹而死亡。对各种动物均有毒性。

【毒性级别】大毒。

【用途】块根入药，毒性大，需经炮制后使用，有祛风痰、逐寒湿等功效，主治风湿痹痛、跌打损伤、口唇喎斜、癫痫、破伤风、皮肤湿疹等病症。

伏毛铁棒锤

【拉丁名】*Aconitum flavum*。

【别名】铁棒锤、断肠草、乌药、一支蒿等。

【科属】毛茛科乌头属多年生草本有毒植物。

【形态特征】块根胡萝卜形，茎高 35 ～ 100 cm，多数叶密生，通常不分枝；叶片宽卵形，基部浅心形，3 全裂，边缘干时稍反卷，疏被短缘毛；总状花序顶生或有时由茎上部叶腋发出多数较短花疏的总状花序，花序轴和花梗密被反曲短柔毛；萼片黄绿色或紫色，外面密被反曲短柔毛，上萼片盔状船形，具短爪，侧萼片宽倒卵圆形，下萼片长圆形或长椭圆形，外面均密被反曲短柔毛；花瓣无毛或疏被短柔毛，唇端 2 裂，向下卷曲；雄蕊花丝无毛或被疏短柔毛，全缘，心皮 5；种子倒卵状三棱形，光滑，沿棱有狭翅；花期 7—8 月，果期 9—10 月。

【分布与生境】分布于内蒙古、宁夏、甘肃、青海、四川、西藏等地。生长于海拔 2 000 ～ 3 700 m 的山地草坡、草甸草原、灌丛或疏林。

【毒性部位】全草，尤以根最毒。

【毒性成分与危害】含乌头碱、次乌头碱等二萜类生物碱。对各种动物均有毒性。牛中毒后先剧烈兴奋，后即委顿、步态失衡、心跳加快，数小时即可致死。羊中毒后流涎、排尿失禁、呼吸困难、腹胀、站立不稳、逐渐失去知觉。目前，已成为青藏高原东南缘退化草地主要有毒植物之一，对草地畜牧业发展和草地生态安全造成威胁。

【毒性级别】大毒。

【用途】块根入药，有大毒，需经炮制后使用，有祛风止痛、散瘀止血、消肿拔毒等功效，主治风湿、关节痛、跌打损伤等病症。现代药理研究发现，伏毛铁棒锤生物总碱对黏虫、枸杞蚜虫和小菜蛾等有较强的触杀活性，可作为植物源性杀虫剂开发利用。

露蕊乌头

【拉丁名】*Aconitum gymnandrum*。

【别名】罗贴巴、孩儿菊、老鸦蒿、臭蒿等。

【科属】毛茛科乌头属一年生草本有毒植物。

【形态特征】茎高 6 ～ 55 cm，被短柔毛，常分枝；叶片宽卵形或三角状

卵形，3全裂，全裂片二至三回深裂；总状花序具花6～16朵；萼片蓝紫色，少有白色，具较长爪，上萼片船形；花瓣瓣片宽，头状，疏被短毛；花丝疏被短毛，心皮6～13，子房被柔毛；种子倒卵球形，密生横狭翅；花期6—8月，果期9—10月。

【分布与生境】分布于甘肃、青海、四川、西藏等地。生长于海拔1500～3800 m的山坡草地、林边草地、田边草地或河边沙地。

【毒性部位】全草。

【毒性成分与危害】含乌头碱、露乌碱、甲基露乌碱等生物碱。对各种动物均有毒性，毒性作用及中毒症状与乌头相似。目前，已成为青藏高原局部退化草地主要有毒植物之一，对草地畜牧业发展和草地生态安全造成威胁。

【毒性级别】大毒。

【用途】全草入药，有祛风镇静、驱虫杀蛆等功效，主治关节疼痛、风湿等病症。现代药理研究发现，露蕊乌头具有镇痛、抗炎、强心、抗肿瘤活性。青海民间常用全草杀灭苍蝇、蚊子、老鼠和蟑螂。

工布乌头

【拉丁名】*Aconitum kongboense*。

【别名】西藏乌头、雪山一支蒿。

【科属】毛茛科乌头属多年生草本有毒植物。

【形态特征】块根近圆柱形，株高达 180 cm，茎直立，不分枝或分枝，上部密被反曲短柔毛；叶互生，下部叶柄与叶片等长，上部叶柄比叶片短甚多；叶片心状卵形，略呈五角形，3全裂，中央全裂片菱形，全裂片近羽状深裂，深裂片线状披针形，侧全裂片斜扇形，两面无毛或叶脉疏被短柔毛；总状花序长达 60 cm，花多数，与分枝上的花序形成圆锥花序，苞片叶状或披针形；萼片 5，上萼片盔形或船状盔形，具短爪，高 1.5～2 cm，基部至喙长 1.5～2 cm；下缘凹，外缘稍斜，喙三角形，白色略带紫色或淡紫色，外面被短柔毛；花瓣 2，瓣片向后反曲，疏被短毛；雄蕊多数，花丝全缘，无毛；种子多数；花期 7—8 月，果期 8—9 月。

【分布与生境】分布于西藏、四川西北部。生长于海拔 3 000～5 600 m 的山坡草地或灌丛。

【毒性部位】全草，尤以块根毒性大。

【毒性成分与危害】含黄草乌碱、工布乌头碱、展花乌头碱等二萜类生物碱。各种动物误食后均可中毒。马中毒症状为流涎、抑郁、脉搏微动、出冷汗、呼吸困难；牛中毒后首先表现为剧烈兴奋，随后表现为精神沉郁、步态不稳、卧地不起，最后因呼吸停止而死亡；羊中毒后出现流涎、流鼻涕、排粪排尿失禁、脉搏快而弱、呼吸困难、知觉丧失，最后衰竭死亡。

【毒性级别】大毒。

【用途】块根入药，有祛风除湿、消炎止痛等功效，主治风湿关节疼痛、跌打损伤、毒虫咬伤等病症。

北乌头

【拉丁名】*Aconitum kusnezoffii*。

【别名】草乌、鸡头草、小叶芦、五毒根等。

【科属】毛茛科乌头属多年生草本有毒植物。

【形态特征】块根圆锥形或胡萝卜形，株高 80 ～ 150 cm，无毛，常分枝；叶片纸质或近革质，五角形，3 全裂；叶柄长为叶片长的 1/3 ～ 2/3；顶生总状花序具花 9 ～ 22 朵，常与其下的腋生花序形成圆锥花序；萼片紫蓝色，花瓣向后弯曲或近拳卷；蓇葖果直，种子扁椭圆球形，沿棱具狭翅，一面生横膜翅；花期7—8 月，果期 9—10 月。

【分布与生境】分布于东北、华北地区。生长于海拔 1 000 ～ 2 400 m 的山地草坡、草甸、灌丛、山地阔叶林或疏林。

【毒性部位】全草，块根毒性最大。

【毒性成分与危害】含乌头碱、次乌头碱、去氧乌头碱等生物碱。马、牛、猪、羊均可中毒，中毒症状和乌头相似。急性毒性试验表明，块根总生物碱小鼠和豚鼠腹腔注射 LD_{50} 分别为 0.96 mg/kg 和 0.14 mg/kg。

【毒性级别】大毒。

【用途】块根有剧毒，需经炮制后入药，有祛风除湿、温经止痛等功效，主治神经痛、牙痛、风湿性关节炎等病症。乌头可作为植物源性杀虫剂，可防治稻螟虫、棉蚜虫、棉花立枯病及小麦锈病等农作物病虫害，也可消灭蝇蛆。

白喉乌头

【拉丁名】*Aconitum leucostomum*。

【别名】无。

【科属】毛茛科乌头属多年生草本有毒植物。

【形态特征】茎高约 1 m，上部被开展的腺毛；基生叶约 1 枚，叶片形状与乌头极为相似，长约 14 cm，宽约 18 cm，背面疏被短曲毛；总状花序长 20～45 cm，具密集花多数；萼片淡蓝紫色，下部带白色，外面被短柔毛，上萼片圆筒形；花瓣无毛，距比唇长，稍拳卷；雄蕊无毛，花丝全缘；心皮 3，无毛；蓇葖果长 1～1.2 mm，种子倒卵形，生横狭翅；花期 7—8 月，果期 9—

10 月。

【分布与生境】分布于新疆、甘肃西北部，在新疆伊犁河谷山地草甸草地已形成优势种群。生长于海拔 1 400 ～ 2 600 m 的山坡草地、山谷沟边或疏林草丛。

【毒性部位】全草，块根毒性最大。

【毒性成分与危害】含乌头碱、新乌头碱、去氧刺乌头碱、高乌甲素等二萜类生物碱。这类生物碱有显著心脏毒性和神经毒性，可引起横纹肌、心肌、神经末梢及中枢神经系统兴奋，继而发生对上述系统的抑制而产生毒性作用，心血管系统和中枢神经系统是其毒性作用的主要靶器官。马、牛、羊等放牧牲畜均可中毒，中毒后表现为流涎、

腹痛、腹泻、瘤胃膨气、肌肉震颤、呼吸困难、瞳孔散大，最终因心脏麻痹和呼吸衰竭死亡。目前，白喉乌头已成为新疆伊犁河谷草原主要有毒植物之一，2014 年仅在新源县危害面积就达 13.5 万 hm^2，约占全县可利用草地的 30%，对草地畜牧业发展和草地生态安全造成威胁。

【毒性级别】大毒。

【用途】块根入药，有祛风除湿、温经止痛等功效，主治风寒湿痹、关节疼痛、心腹冷痛、寒疝作痛等病症。

铁棒锤

【拉丁名】*Aconitum pendulum*。

【别名】一枝箭、铁牛七、草乌、八百棒等。

【科属】毛茛科乌头属多年生草本有毒植物。

【形态特征】块根倒圆锥形，株高 30 ～ 100 cm；叶互生，叶片宽卵形，长 3.4 ～ 5.5 cm，宽 4.5 ～ 5.5 cm，3 全裂，两面无毛；总状花序顶生，长 7.5 ～ 20 cm，花序轴和花梗密被伸展黄色短柔毛；萼片 5，花瓣状，紫蓝色或黄白色，上萼片镰刀形，具爪，弧状弯曲，外缘斜，侧萼片圆倒卵形；花瓣 2，雄蕊多数，花丝全缘，心皮 5；蓇葖果长 1.1 ～ 1.4 cm，种子多数，倒卵状三棱形，光滑，沿棱具不明显窄翅；花期 8—9 月，果期 9—10 月。

【分布与生境】分布于内蒙古、陕西、甘肃、宁夏、青海、四川、西藏等地。生长于海拔 2 000 ～ 4 500 m 的山坡草地、山坡石隙、高山草甸或灌木林缘。

【毒性部位】全草，块根毒性最大。

【**毒性成分与危害**】含乌头碱、次乌头碱、乙酰乌头碱等二萜类生物碱。对各种动物均有毒性，以马属动物中毒最为常见，其次是牛、羊。动物误食后先兴奋后抑制，表现为呕吐、流涎、胃肠蠕动增强、腹痛、腹泻、心跳加快，甚至发生心室颤动，随后嗜睡、昏迷、失去知觉、四肢麻痹、瞳孔散大、呼吸困难，最后呼吸衰竭死亡。

【**毒性级别**】大毒。

【**用途**】块根入药，有止痛消肿、活血祛瘀、祛风除湿等功效，主治关节肿痛、跌打损伤痛、风寒痹痛、神经痛等病症。

准噶尔乌头

【**拉丁名**】*Aconitum soongaricum*。

【**别名**】圆叶乌头、草乌。

【**科属**】毛茛科乌头属多年生草本有毒植物。

【**形态特征**】块根，通常3～4个合生，呈链状；株高50～100 cm，茎直立，单一，光滑；叶互生，上部具短柄，下部较长；叶片淡黄绿色，长圆状心形，全裂，裂片楔形，再分裂2～3，线形或狭披针形，具大齿的小裂片；顶生总状花序，花紫色，花梗顶端大，具2狭披针形的苞片，密被白毛；萼片5，上萼盔状，具长喙，光滑或稍被毛，侧萼片卵形，内外被毛，边缘具睫毛；下萼片不等长，外面稍被毛，里面大部分被长毛；光滑雄蕊多数，花丝

上部蓝色，花药长圆形，深色；种子倒圆锥形，具3纵棱，沿棱有狭翅或波状横翅；花期7—8月，果期9—10月。

【分布与生境】分布于新疆北部，在新疆伊犁河谷草原和阿勒泰森林草原已形成优势种群。生长于海拔1 200～2 600 m的高山草甸、山坡草地、云杉林下或灌丛。

【毒性部位】全草，块根毒性大。

【毒性成分与危害】含乌头碱、去氧乌头碱和准噶尔乌头碱等多种二萜类生物碱。马、牛、羊等放牧牲畜采食或误食均可引起急性中毒，中毒症状和白喉乌头相似。目前，已成为新疆北部伊犁河谷草原和阿勒泰森林草原的主要有毒植物之一，对草地畜牧业发展和草地生态安全构成威胁。

【毒性级别】大毒。

【用途】块根入药，有剧毒，需经炮制后使用，有散风寒、除湿、止痛等功效，主治风寒湿痹、中风瘫痪、神经性疼痛、关节炎等病症。

谷地翠雀花

【拉丁名】*Delphinium davidii*。

【别名】无。

【科属】毛茛科翠雀属草本有毒植物。

【形态特征】株高 28 ～ 70 cm，疏被反曲短毛，生少数叶，中部以上分枝；基生叶数个，与茎下部叶具长柄；叶片五角形，3 全裂，中央全裂片菱形，二回裂片再裂，侧全裂片斜扇形，表面疏被短糙伏毛，背面沿脉疏被微硬毛；叶柄长达 40 cm，茎中部以上叶变小，具短柄；伞房花序具花 2 ～ 5 朵；苞片叶状，花梗长 3.5 ～ 10 cm，密被反曲并紧贴的短柔毛；萼片蓝色，椭圆状倒卵形或狭椭圆形，顶端圆形或钝，外面疏被短柔毛，末端向下弯曲；花瓣无毛，顶端微凹；退化雄蕊瓣片长方形或倒卵形，微凹或 2 裂近中部，腹面被黄色髯毛；心皮 3，子房密被短柔毛；种子扁椭圆形，淡褐色，具不明显 3 纵棱；花期 8—9 月，果期 9—10 月。

【分布与生境】分布于四川、云南等地。生长于海拔 1 100 ～ 1 400 m 的山地草坡、林边草地或山谷石旁。

【毒性部位】全草，根毒性最大。

【毒性成分与危害】含谷翠碱甲、谷翠碱乙及谷翠碱丙等二萜类生物碱。主要危害放牧牲畜，牛最易中毒，马、羊次之。中毒症状和翠雀相似。

【毒性级别】有毒。

【用途】药用，治疗风湿痛、坐骨神经痛等病症；也可作为植物源性杀虫剂开发利用。

翠雀

【拉丁名】*Delphinium grandiflorum*。

【别名】飞燕草、鸽子花、百部草、鸡爪连等。

【科属】毛茛科翠雀属多年生草本有毒植物。

【形态特征】株高 35～65 cm，全株被柔毛；基生叶及茎下部叶具长柄，叶圆五角形，3 全裂，中裂片近菱形，侧裂片扇形，两面疏被短柔毛或近无毛，叶柄长为叶片长的 3～4 倍；总状花序具花 3～15 朵，轴和花梗被反曲微柔毛，花左右对称；小苞片条形或钻形，萼片紫蓝色，椭圆形或宽椭圆形；蓇葖果 3 个聚生，种子倒卵状，沿棱有翅；花期 6—8 月，果期 9—10 月。

【**分布与生境**】分布于黑龙江、吉林、辽宁、山西、河北、甘肃、新疆、四川、云南、西藏等地。生长于海拔 500 ～ 2 800 m 的山坡草地、草甸草原或丘陵沙地。

【**毒性部位**】全草，以种子和根毒性较大。鲜草毒性较大，成熟枯萎后毒性减弱。

【**毒性成分与危害**】含牛扁碱、甲基牛扁亭碱、飞燕草碱、飞燕草次碱等二萜类生物碱。主要危害放牧牲畜，牛最易中毒，马、羊次之。牲畜过量采食翠雀属植物茎、叶及种子可引起流涎、腹痛、痉挛、肌肉无力、呼吸困难等中毒症状。据报道，牛采食翠雀量占体重的 3% 即可引起中毒。

【**毒性级别**】有毒。

【**用途**】药用，有抗菌除湿、杀虫治癣功效，民间用全草作农药，杀苍蝇及其幼虫。翠雀花花色多为蓝紫色或淡紫色，花型似蓝色飞燕落满枝头，因而又名"飞燕草"，是珍贵的花卉资源，具有很高的观赏价值，可作为草原观赏植物利用。

白头翁

【**拉丁名**】*Pulsatilla chinensis*。

【**别名**】老公花、老翁花、菊菊苗、老冠花、猫爪子花等。

【科属】毛茛科白头翁属多年生草本有毒植物。

【形态特征】根状茎粗，直径 8～15 mm，株高 15～35 cm；基生叶 4～5，宽卵形，下面被柔毛，3 全裂，中裂片常具柄，小裂片分裂较浅；叶柄长 7～15 cm，密被长柔毛；花两性，单朵，直立；萼片 6，排成 2 轮，狭卵形或长圆状卵形，花萼蓝紫色，外面密被柔毛；花瓣无；雄蕊多数；心皮多数，被毛；瘦果扁纺锤形，被长柔毛；宿存花柱，银丝状，形似白头老翁；花期 4—5 月，果期 6—7 月。

【分布与生境】分布于东北、华北、华中、西北地区。生长于海拔 200～3 200 m 的山坡草地、林缘、高山草地或干旱多石坡地。

【毒性部位】全草，以根最毒。

【毒性成分与危害】含白头翁素、原白头翁素。原白头翁素对皮肤和黏膜有强烈刺激作用，皮肤接触可引起皮炎或水疱，采食或误食可引起呕吐、腹痛、腹泻等胃肠炎症状；同时对心脏和血管有毒害作用，导致内脏血管收缩、末梢血管扩张，严重者抑制呼吸中枢导致死亡；也可引起皮肤起疱、口腔红肿、胃肠炎、血便等。

【毒性级别】有毒。

【用途】根入药，有清热解毒、凉血止痢、燥湿杀虫等功效，主治热毒血痢、鼻衄、血痔等病症。现代研究表明，白头翁有抗癌、杀精、抗滴虫、增强免疫机能等多种药理活性。白头翁全株被毛，花钟形，颜色鲜艳，十分奇特，可作为观赏植物利用。

茴茴蒜

【拉丁名】*Ranunculus chinensis*。

【别名】水胡椒、蝎虎草、野桑椹、山辣椒、小虎掌草等。

【科属】毛茛科毛茛属多年生草本有毒植物。

【形态特征】株高 20 ～ 70 cm，须根多数，簇生；茎直立，中空，密生开展糙毛；基生叶数枚，三出复叶，小叶具柄，顶生小叶菱形或宽菱形，3 深裂，裂片狭长菱状楔形，上部生少数不规则锯齿，侧生小叶具短柄；花序顶生，具疏花，花两性；萼片 5，淡绿色，狭卵形，外面疏被柔毛；花瓣 5，黄色，宽倒卵形，基部具蜜槽；雄蕊和心皮均多数；瘦果扁平，斜倒卵圆形，无毛，边缘有棱；花期 5—7 月，果期 8—9 月。

【分布与生境】分布于东北、华北、华南、西南、西北地区。生长于海拔 700 ～ 2 500 m 的平原、丘陵、河边或田边湿草地。

【毒性部位】全草，汁液毒性强。

【毒性成分与危害】含原白头翁素、白头翁素。对各种动物均有毒性，采食或误食可引起急性中毒，主要表现为呕吐、腹泻、腹痛、便血等胃肠炎症状，以及瞳孔散大、痉挛等症状。

【毒性级别】有毒。

【用途】全草入药，有消炎、退肿、杀虫等功效，主治肝炎、肝硬化、牛皮癣、胃炎、疟疾、风湿性关节痛等病症。

毛茛

【拉丁名】*Ranunculus japonicus*。

【别名】鸭脚板、野芹菜、山辣椒、老虎脚爪草、起泡菜、烂肺草等。

【科属】毛茛科毛茛属多年生草本有毒植物。

【形态特征】须根多数，簇生，茎直立，高 30 ～ 70 cm，分枝，中空，被开展贴伏柔毛；单叶基生，叶

柄长达 15 cm，被开展柔毛；叶片轮廓圆心形或五角形，基部心形，常 3 深裂不达基部，中央裂片倒卵状楔形，边缘有粗齿或缺刻，两面被柔毛；茎下部叶与基生叶相同，茎上部叶较小，裂片披针形，具尖牙齿；聚伞花序具多数花，疏散，花两性，花梗长，被柔毛；萼片 5，椭圆形，被白柔毛；花瓣 5，倒卵状圆形，黄色，基部具爪；雄蕊多数，花托短小，心皮多数，无毛，花柱短；瘦果斜卵形，扁平，无毛，喙短直或外弯；花期 4—6 月，果期 7—9 月。

【分布与生境】除西藏外，全国各地都有分布。生长于海拔 200 ～ 2 500 m 的山坡林下、河边、路旁、山谷、沼泽或林缘湿地。

【毒性部位】全草，花毒性最大，茎叶次之。

【毒性成分与危害】含白头翁素、原白头翁素。毛茛所含原白头翁素气味辛辣，对皮肤和黏膜有强烈刺激性，与皮肤接触可引起炎症及水疱，内服可引起剧烈胃肠炎，原白头翁素聚合后可变成无刺激作用的白头翁素。动物误食后引起胃肠炎、剧烈腹泻、排黑色腐臭粪便或带血、脉搏缓慢、呼吸困难、瞳孔散大，严重者数小时内死亡。

【毒性级别】有毒。

【用途】全草及根入药，有祛风除湿、消肿解毒、杀虫等功效，主治风湿性关节炎、关节扭伤、胃痛、肝炎、血吸虫病等病症。

高原毛茛

【拉丁名】*Ranunculus tanguticus*。

【别名】无。

【科属】毛茛科毛茛属多年生草本有毒植物。

【形态特征】须根，基部稍增厚呈纺锤形，茎直立或斜升，高 10～30 cm，多分枝，被白色柔毛；基生叶多数，叶五角形或宽卵形，基部心形，3 全裂，中裂片宽菱形或楔状菱形，侧裂片斜扇形，两面或下面被白色柔毛，叶柄长 1.5～5.5 cm；花多数，单生于茎顶端和分枝顶端，花梗被白色柔毛；萼片窄椭圆形，被柔毛；花瓣 5，倒卵圆形，基部具窄长爪，蜜槽点状；花托圆柱形，较平滑，常被细毛；瘦果小而多，卵球形，较扁，无毛，喙直伸或稍弯；花期 6—7 月，果期 8—9 月。

【分布与生境】分布于西藏、云南西北部、四川西部、甘肃、青海、陕西、山西、河北等地，尤其是在青藏高原、川西草原已形成优势种群。生长于海拔 3 000～4 600 m 的山坡草地、高山草甸、亚高山草甸、高寒湿地沼泽或高山碎石带滩地。

【毒性部位】全草。

【毒性成分与危害】含毛茛苷、白头翁素、原白头翁素。放牧牲畜采食或误食后出现流涎、呕吐、腹泻等消化道刺激症状，严重者抽搐以致死亡。

【毒性级别】小毒。

【用途】全草入药，有清热、解毒、祛风、止咳、止痒等功效，主治风热感冒、咳嗽、咽炎、疥癣、牛皮癣、淋巴结核等病症。

2

章   毛茛科常见毒害草

高山唐松草

【拉丁名】*Thalictrum alpinum*。

【别名】草岩连、亮星草、亮叶子、马尾黄连、披麻草等。

【科属】毛茛科唐松草属多年生草本有毒植物。

【形态特征】株高 6 ～ 20 cm，不分枝，全部无毛；叶基生，二回羽状三出复叶，4 ～ 5 枚或更多；叶片长 1.5 ～ 4 cm；小叶薄革质，具短柄或无柄，圆菱形、菱状宽倒卵形或倒卵形，基部圆形或宽楔形，3浅裂，浅裂片全缘，脉不明显；叶柄长 1.5 ～ 3.5 cm；花葶 1 ～ 2 条；总状花序长 2.2 ～ 9 cm，苞片小，狭卵形，花梗下弯，萼片 4，脱落，椭圆形；雄蕊 7 ～ 10，花药狭长圆形，顶端具短尖头，花丝丝形；心皮 3 ～ 5，柱头约与子房等长，箭头状；瘦果稍扁，长椭圆形，无柄，具 8 条粗纵肋；花期 6—7 月，果期 8 月。

【分布与生境】分布于西藏、新疆。生长于海拔 2 500 ～ 5 300 m 的高山草地、山谷阴湿地或沼泽。

【毒性部位】全草，根部毒性较大，茎叶次之。

【毒性成分与危害】含厚果唐松草碱、厚果唐松草次碱等苄基异喹啉类生物碱。对各种动物均有毒性。牛、羊等放牧牲畜大量误食后，引起极度不安、精神不振、步态不稳、口吐泡沫、瞳孔放大等中毒症状，严重者因窒息死亡。

【毒性级别】有毒。

【用途】根及根茎入药，有清热燥湿、杀菌止痢等功效，主治头痛目赤、泄泻痢疾、疮疖痈疽等病症。

唐松草

【拉丁名】*Thalictrum aquilegifolium*。

【别名】草黄连、马尾连、黑汉子腿、紫花顿、土黄连等。

【科属】毛茛科唐松草属多年生草本有毒植物。

【形态特征】株高 60 ～ 150 cm，茎粗壮，分枝，全株无毛；茎生叶，三至四回三出复叶；叶片长 10 ～ 30 cm，小叶草质，顶生小叶倒卵形或扁圆形，3浅裂，裂片全缘或具 1 ～ 2 牙齿，两面

脉平或背面脉稍隆起；圆锥花序伞房状，密集花多数，萼片白色或紫色；雄蕊多数，花药长圆形，心皮 6～8，花柱短，柱头侧生；瘦果倒卵形，具 3 条宽纵翅，基部突变狭，宿存柱头；花期 7—8 月，果期 9—10 月。

【分布与生境】分布于河北、山西、陕西、内蒙古、辽宁、吉林、黑龙江等地。生长于海拔 500～1 800 m 的草坡、林间、草原或山地草丛。

【毒性部位】全草，根部毒性较大，茎叶次之。

【毒性成分与危害】含唐松草碱、掌叶防己碱等生物碱。对各种动物均有毒性。中毒症状与高山唐松草相似。

【毒性级别】有毒。

【用途】根及根茎入药，有清热泻火、燥湿解毒等功效，主治湿热泻痢、肺热咳嗽、目赤肿痛、痈肿疮疖、黄疸型肝炎等病症。现代药理研究发现，苄基异喹啉碱能抑制 DNA、RNA 及蛋白质合成，对试验性肺癌、结肠癌及食管癌等恶性肿瘤有一定疗效。唐松草生长繁茂，株型伞状，气质高雅，姿态优美，可作为观赏植物或常绿地被植物栽培。

瓣蕊唐松草

【拉丁名】*Thalictrum petaloideum*。

【别名】马尾黄连、多花蔷薇等。

【科属】毛茛科唐松草属多年生草本有毒植物。

【形态特征】茎高 20 ～ 50 cm，分枝，无毛；叶基生数个，三至四回三出或羽状复叶，互生；小叶倒卵形、近圆形或菱形，3 浅裂至深裂，裂片卵形或倒卵形，全缘，脉平或微隆起；花序伞房状，具多花或少花，萼片 4，白色，卵形，无花瓣；雄蕊多数，花丝上部倒披针形，下部丝状；心皮 4 ～ 13，无柄，花柱明显，腹面具柱头；瘦果卵球形，宿存花柱直；花期 6—7 月，果期 8—9 月。

【分布与生境】分布于四川、青海、甘肃、陕西、内蒙古、山西、河北、东北等地。生长于海拔 300 ～ 3 000 m 的山坡草地向阳处。

【毒性部位】全草。

【毒性成分与危害】含小檗碱、隐品碱、药根碱、木兰花碱等生物碱。对各种动物均有毒性，中毒症状与高山唐松草相似。

【毒性级别】有毒。

【用途】根入药，有清热燥湿、泻火祛毒等功效，主治黄疸型肝炎、胃痛、肠炎等病症。现代药理研究表明，瓣蕊唐松草种子总生物碱有体外抗肿瘤作用。瓣蕊唐松草枝叶舒展，花小繁密，花丝下垂披散、潇洒飘逸，可作为园林观赏植物栽培。

箭头唐松草

【拉丁名】*Thalictrum simplex*。

【别名】黄脚鸡、水黄连、金鸡脚下黄等。

【科属】毛茛科唐松草属多年生草本有毒植物。

【形态特征】株高 1 ～ 1.5 m，全株无毛，根茎短，须根，茎有纵棱；叶为二至三回三出羽状复叶，基生或茎生，叶柄基部具纵沟，具膜质耳状鞘，基生叶叶柄长，茎生叶愈向上叶柄愈短，乃至无柄；小叶片线状长圆形或长圆状楔形，全缘或先端 2 ～ 3 裂，基部圆形或楔形；圆锥花序顶生，苞片及小苞片卵状披针形，褐色、膜质；花黄色，花柄长，萼片 4，卵状椭圆形；雄蕊 10 ～ 20，花丝细弱，花药线状长圆形，具小尖头；雌蕊 6 ～ 12；瘦果狭椭圆球形或狭卵球形，无柄，灰褐色；花期 5—6 月，果期 6—8 月。

【分布与生境】分布于内蒙古西部、新疆等地。生长于海拔 1 400 ～ 2 400 m 的山坡草地、林缘、灌丛、河边或沟边阳坡。

【毒性部位】全草，以根毒性最大，茎叶次之。

【毒性成分与危害】含唐松草宁碱、箭头唐松草碱等苄基异喹啉类生物碱。对各种动物均有毒性，中毒症状与高山唐松草相似。

【毒性级别】有毒。

【用途】全草及根茎入药，有清热去湿、解毒消肿、杀虫等功效，主治黄疸、泻痢、哮喘、肝炎、肝包虫、风湿病等病症。

第 **3** 章

菊科常见毒害草

豚草

【拉丁名】*Ambrosia artemisiifolia*。

【别名】豕草、艾叶破布草、美洲艾。

【科属】菊科豚草属一年生草本有毒植物。

【形态特征】株高 20～250 cm，茎直立，具棱，多分枝，绿色或带暗紫色，被白色毛；下部叶对生，具短柄，二次羽状分裂，裂片狭小，长圆形至倒披针形，全缘，有明显中脉，表面绿色，被细短伏毛或近无毛，背面灰绿色，密被短糙毛；上部叶互生，无柄，羽状分裂；头状花序单性，雌雄同株；雄性头状花序有短梗，具雄花 10～15 朵，下垂，枝顶端排列成总状；雌性头状花序无柄，单生或数个聚生，每个雌花序下具叶状苞片；总苞倒卵形，囊状，顶端具 5～8 尖齿；瘦果倒卵形，藏于坚硬总苞中；花期 8—9 月，果期 9—10 月。

【分布与生境】原产于北美洲，20 世纪 30 年代传入我国，现分布于东北、华北、华中、中南地区，被列入我国外来入侵物种。豚草再生力极强，生长于农田、果园、路旁、渠道、河岸或路边等。

【毒性部位】花粉。

【毒性成分与危害】花粉中含有水溶性蛋白质，人畜接触可引起过敏性鼻炎、支气管哮喘等过敏性疾病。在我国，豚草大面积泛滥，已对生态环境、农业生产、人和动物健康造成严重危害。每年在豚草开花季节，人接触豚草花粉引起花粉过敏，轻者出现咳嗽、喷嚏、流鼻涕、支气管哮喘，严重者出现肺气肿、肺感染，是秋季人花粉过敏症的主要病原；豚草混杂并入侵农田、菜地、果园等地，由于其强大根系和巨大地上营养体，对栽培作物及野生植物产生明显抑制作用，影响农作物产量；豚草混杂于牧场，掺杂在奶畜动物饲料中，影响奶及奶制品质量。据统计，每年因豚草花粉过敏患病者美国达 1 460 万人，加拿大 80 万人，俄罗斯南部克拉斯诺尔达在豚草花期约有 1/7 的人因患豚草病失去劳动力。

【**毒性级别**】小毒。

【**用途**】无。

乳白香青

【**拉丁名**】*Anaphalis lactea*。

【**别名**】大矛香艾、大白矛香。

【科属】菊科香青属多年生草本有毒植物。

【形态特征】株高 15 ～ 40 cm，根状茎粗壮，木质化，多分枝，全株密被灰白色茸毛；茎丛生，直立，不分枝；叶片线状长圆形，先端钝或微尖，基部楔形，全缘；基生叶及下部茎生叶具长柄，中部以上茎生叶无柄，基部下延成狭翅；头状花序多数，在茎和枝顶端密集呈复伞房状，总苞钟状，总苞片 4 ～ 5 层，外层卵圆形，褐色，被蛛丝状毛，内层卵状长圆形，乳白色，最内层狭长圆形，具长爪；雌株头状花序具多层雌花，中央具雄蕊 2 ～ 3；雄株头状花序全部为雄蕊；花冠长，冠毛比花冠稍长，雄花冠毛上部宽扁；瘦果圆柱形，近无毛；花期 7—8 月，果期 9—10 月。

【分布与生境】分布于甘肃、青海、西藏、四川等地，尤其在青藏高原东南缘局部退化草地已形成优势种群。生长于海拔 2 000 ～ 3 400 m 的亚高山草地、草甸草原、高寒草甸、灌丛或林下草地。

【毒性部位】全草。

【**毒性成分与危害**】含黄酮类、三萜类和甾体等化学成分，毒性成分不详。目前，乳白香青已成为川西北高原退化草地主要毒害草之一，大面积的扩散蔓延使草地植被呈逆向演替，生态环境恶化，对草地畜牧业发展和生态安全带来威胁。

【**毒性级别**】小毒。

【**用途**】全草入药，有清热止咳、活血散瘀等功效，主治感冒头痛、关节疼痛、肺热咳嗽、外伤出血等病症。乳白香青全株被白色茸毛，花序常密集呈复伞房状，可作为草原观赏植物利用。

飞廉

【**拉丁名**】*Carduus nutans*。

【**别名**】飞轻、天荠、伏猪、伏兔等。

【**科属**】菊科飞廉属二年生草本有害植物。

【**形态特征**】株高 50 ～ 120 cm，主根肥厚，伸直或偏斜；茎直立，具纵棱，棱有绿色间歇的三角形刺齿状翼；叶互生，通常无柄而抱茎，下部叶椭圆状披针形，羽状深裂，上部叶渐小；头状花序 2 ～ 3 个簇生枝顶端，管状花，两性，紫红色；瘦果长椭圆形，稍扁，有多数浅褐色纵纹及横纹，先端平截，基部收缩；冠毛白色或灰白色，呈刺毛状，稍粗糙；花期 5—7月，果期 8—10 月。

【**分布与生境**】分布于内蒙古、宁夏、甘肃、四川、新疆等地。生长于海拔 540 ～ 2 300 m 的山谷、田边、山坡草地或亚高山草甸。

【**有害部位与危害**】全身具刺，植株成熟后刺变硬，可造成放牧牲畜机械性损伤。春季、夏季幼嫩时放牧牲畜喜欢采食其茎叶，成熟后茎叶刺变硬，动物误食后可对口腔和皮肤造成机械性损伤。

【**毒性级别**】无毒。

【**用途**】全草或根入药，有祛风、清热、利湿、凉血散瘀等功效，主治风热感冒、头风眩晕、风热痹痛、皮肤刺痒、尿路感染、跌打瘀肿、疔疮肿毒等病症。飞廉为低等饲用植物，春季、夏季飞廉幼嫩时牲畜喜欢采食，成熟季节可鼓励牧民收割，晒干粉碎后做牲畜冬季、春季粗饲料补饲。

大蓟

【**拉丁名**】*Cirsium japonicum*。

【**别名**】蓟、大刺儿菜、大刺盖、地萝卜等。

【**科属**】菊科蓟属多年生草本有害植物。

【**形态特征**】株高 0.5 ～ 1 m，根簇生，圆锥形，肉质，表面棕褐色；茎直立，有细纵纹，基部被白色丝状

毛；基生叶丛生，具柄，倒披针形或倒卵状披针形，羽状深裂，边缘齿状，齿端具针刺，上面疏被白丝状毛，下面脉上被长毛；茎生叶互生，基部心形抱茎；头状花序顶生，总苞钟状，总苞片 4 ～ 6 层，披针形，外层较短；花两性，管状，紫色；花药顶端有附片，基部有尾；瘦果长椭圆形，冠毛多层，羽状，暗灰色；花期 5—8 月，果期 7—9 月。

【分布与生境】分布于全国各地。生长于海拔 400 ~ 2 100 m 的路旁荒地、山坡草地、山坡灌丛、田间、林缘或亚高山灌丛。

【有害部位与危害】全身具刺，植株成熟后刺变硬，可造成放牧牲畜机械性损伤。春季、夏季幼嫩时放牧牲畜喜欢采食其茎叶，成熟后茎叶刺变硬，动物误食后可对口腔和皮肤造成机械性损伤。

【毒性级别】无毒。

【用途】全草及根入药，有凉血止血、散瘀消肿、利尿等功效，主治鼻出血、吐血、尿血、便血、产后出血、外伤出血、痈肿疮毒等病症。

紫茎泽兰

【拉丁名】*Eupatorium adenophorum*。

【别名】解放草、霸王草、破坏草、飞机草等。

【科属】菊科泽兰属多年生草本或半灌木有毒植物。

【形态特征】根茎粗壮，直立，株高 30 ~ 200 cm，分枝对生、斜上，茎和叶柄呈紫色，被白色或锈色短柔毛；叶对生，叶片质薄，卵形、三角形或菱状卵形，腹面绿色，背面色浅，被稀疏短柔毛，在背面及沿叶脉处毛稍密，基部平截或稍心形，基出 3 脉，边缘大而

不规则锯齿状；头状花序小，伞房或复伞房花序，总苞片 3 ～ 4 层，具小花 40 ～ 50 朵，管状花两性，白色，花药基部钝；瘦果黑褐色；花期 2—3 月，果期 4—5 月。

【分布与生境】原产于南美洲，20 世纪 40 年代初由缅甸传入我国云南，被列入我国外来入侵物种，现分布于云南、贵州、四川、西藏、广西、重庆、湖北等地，尤其是在西南地区已形成优势种群。生长于海拔 165 ～ 3 000 m 的荒坡隙地、农田、山坡路旁或林缘灌丛。

【毒性部位】全草，种子和花粉是引起人和动物过敏性哮喘的主要病原。

【毒性成分与危害】含倍半萜类、三萜类、黄酮类等成分，主要毒性成分是泽兰酮毒素，具有肝毒性和免疫毒性。紫茎泽兰生命力极强，其快速蔓延扩散已成为我国西南地区的主要毒害草，对生态环境、农业生产、人和动物健康造成严重危害。牲畜误食会引起中毒，人接触其花粉可引起过敏性哮喘。入侵农田、果园及经济林带形成优势群落，影响农作物产量。

【毒性级别】有毒。

【用途】可作为绿肥、堆肥原料或沼气肥原料利用，也可作为纤维原料用来加工纸板、刨花板等；可提取精油对大肠埃希菌、曲霉菌和念珠状菌等多种致病菌有很强抗菌活性。

大叶橐吾

【拉丁名】*Ligularia macrophylla*。

【别名】无。

【科属】菊科橐吾属多年生草本有毒植物。

【形态特征】株高 50～170 cm，须根多数，肉质，无毛，茎直立；基生叶具柄，抱茎，多呈紫褐色，上半部有翅，叶片长圆状或卵状长圆形，先端钝，边缘具波状小齿，基部楔形，下延成柄，两面光滑，叶脉羽状；茎生叶无柄，叶片卵状长圆形至披针形，向上渐小呈披针形；圆锥状总状花序，头状花序辐射状，苞片和小苞片线状钻形，总苞窄筒形或窄陀螺形，背部被白色柔毛，内层边缘膜质；舌状花 1～3 朵，黄色，舌片长圆形，管状花 2～7 朵，伸出总苞，冠毛白色，与花冠等长；瘦果略扁压，柱状，光滑，冠毛短于筒状花，白色；花期 6—7 月，果期 8—9 月。

【分布与生境】分布于新疆天山、阿勒泰地区，尤其是在一些退化草地已形成优势种群。生长于海拔700～2 900 m 的河谷水边、芦苇沼泽、阴坡草地或林缘。

【毒性部位】全草。

【毒性成分与危害】含千里光碱、倒千里光碱、阔叶千里光碱等吡咯里西啶生物碱，这类生物碱具有肝毒性，放牧牲畜采食或误食后可造成肝细胞损伤，引起肝小静脉闭塞病、肝巨细胞症、肝纤维化和肝硬化等肝功能障碍性疾病。中毒表现与黄帚橐吾相似。

【毒性级别】有毒。

【用途】根入药，有止咳、化痰功效。大叶橐吾根茎发达，耐干旱，易繁殖，有很强的保持水土和固沙作用。

纳里橐吾

【拉丁名】*Ligularia narynensis*。

【别名】天山橐吾、山地橐吾。

【科属】菊科橐吾属多年生草本有毒植物。

【形态特征】株高 14 ～ 65 cm，须根肉质，根状茎短；茎直立，被白色丛卷毛，基部被茸毛及枯叶鞘所成纤维；基生叶及下部茎生叶具柄，叶片卵状心形或长圆形，基部心形，边缘具波状齿；叶脉羽状，上面光裸，绿色，下面被白色丛卷毛；头状花序 2 ～ 8 个，聚伞花序伞房状，花序梗长，被白色丛卷毛；总苞球形或杯状，舌状花黄色，9 ～ 12 朵，椭圆形或宽椭圆形，筒部长；雄蕊略高出花冠，花柱裂片斜展开，顶端膨大；瘦果圆柱形，白色或紫褐色，无毛，具棱，冠毛白色，糙毛状；花期 5—7 月，果期 8—9 月。

【分布与生境】分布于新疆西部天山南北坡，在特克斯喀拉峻大草原已形成优势群落。生长于海拔 1 000 ～ 3 200 m 的阴坡灌丛、山坡草地、林下、亚高山草甸或高山草甸。

【**毒性部位**】全草。

【**毒性成分与危害**】含倍半萜和吡咯里西啶生物碱，主要毒性成分为吡咯里西啶生物碱，具有肝毒性，动物采食或误食均可引起肝损伤。中毒表现与黄帚橐吾相似。目前，纳里橐吾已成为新疆伊犁草原主要毒害草之一，大面积地扩散蔓延使草地植被多样性受到破坏，生态环境恶化，对草地畜牧业发展和生态安全带来威胁。

【**毒性级别**】有毒。

【**用途**】根入药，有补虚散结、镇咳祛痰等功效。

藏橐吾

【**拉丁名**】*Ligularia rumicifolia*。

【**别名**】密齿橐吾、酸模叶橐吾，藏语龙肖。

【**科属**】菊科橐吾属多年生草本有毒植物。

【**形态特征**】株高 40 ～ 100 cm，根肉质，多数，茎直立，被白色绵毛；丛生叶及茎下部叶具柄，叶柄长达 20 cm，无翅或茎下部叶具狭翅，基部略膨大，叶片卵状长圆形，先端钝或圆形，边缘具细齿，叶脉羽状，侧脉及支脉网状，明显突起呈白色；茎中上部叶无柄，无鞘，叶片卵形或卵状披针形，先端钝或急尖，边缘具锯齿，不抱茎；舌状

花 3 ~ 7 朵，黄色，舌片线状长圆形，先端圆，管状花多数，冠毛白色，与花冠等长；瘦果狭倒披针形，具肋，光滑；花期 6—8 月，果期 9—10 月。

【分布与生境】分布于西藏东南部至东北部，在局部退化草地已形成优势种群。生长于海拔 3 700 ~ 4 500 m 的山坡草地、林下或灌丛。

【毒性部位】全草。

【毒性成分与危害】含吡咯里西啶生物碱，具有肝毒性，动物采食或误食均可引起肝损伤。中毒表现与黄帚橐吾相似。目前，藏橐吾已成为西藏退化草原主要毒害草之一，大面积的扩散蔓延使草地植被多样性受到破坏，生态环境恶化，对草地畜牧业发展和生态安全带来威胁。

【毒性级别】有毒。

【用途】根入药，有温肺降气、止咳化痰、散寒利尿等功效，主治风寒咳嗽、支气管炎、肺结核、咽喉炎等病症。

箭叶橐吾

【拉丁名】*Ligularia sagitta*。

【别名】藏语龙肖。

【科属】菊科橐吾属多年生草本有毒植物。

【形态特征】茎直立，株高 25 ~ 70 cm，光滑或上部及花序被白色蛛丝状毛；丛生叶与茎下部叶箭形、戟形或长圆状箭形，边缘具小齿，两侧裂片外缘常具大齿，上面光滑，下面被白色蛛丝状柔毛，叶脉羽状，叶柄长 4 ~ 18 cm，具窄翅，基部鞘状；茎中部叶与下部叶同形，较小，具短柄，鞘状抱茎；最上部叶苞叶状；总状花序长 6.5 ~ 40 cm，苞片狭披针形或卵状披针形，先端尾状渐尖；头状花序多数，辐射状；小苞片线形，总苞钟形或狭钟形，总苞片 7 ~ 10 枚，长圆形或披针形；舌状花 5 ~ 9 朵，黄色，舌片长圆形，先端钝，管状花多数，冠毛白色与花冠等长；瘦果长圆形，光滑；花期 7—8 月，果期 9—10 月。

【分布与生境】分布于西藏、四川、青海、甘肃、宁夏、内蒙古等地，在青藏高原东南缘局部退化草地已形成优势种群。生长于海拔 1 300 ~ 4 000 m 的河边沼泽、林缘湿地、草甸草原、山坡草地或高山灌丛。

【毒性部位】全草。

【毒性成分与危害】含倍半萜和吡咯里西啶生物碱，主要毒性成分是吡咯里西啶生物碱，具有肝毒性，动物采食或误食均可引起肝损伤。中毒表现与黄帚橐吾相似。目前，箭叶橐吾已成为青海、甘肃及四川局部退化草原主要毒害草之一，大面积的扩散蔓延使草地植被多样性受到破坏，生态环境恶化，对草地畜牧业发展和生态安全带来威胁。

【**毒性级别**】有毒。

【**用途**】根及根茎入药，有清热解毒、润肺化痰、止咳消肿、利胆退黄等功效，外用可治疥疮。

黄帚橐吾

【**拉丁名**】*Ligularia virgaurea*。

【**别名**】藏语日侯、嘎和。

【**科属**】菊科橐吾属多年生草本有毒植物。

【**形态特征**】株高 15 ～ 80 cm，根肉质，多数，簇生，茎直立，光滑；丛生叶和茎基部叶具柄，全部或上半部具翅，翅全缘或具齿，先端钝或急尖，两面光滑；茎生叶小，无柄，卵形，常筒状抱

茎；总状花序长 4.5～22 cm，密集或上部密集，下部疏离；舌状花 5～14 朵，黄色，舌片线形，先端急尖，管状花多数，檐部楔形，窄狭，冠毛白色与花冠等长；瘦果长圆形，光滑；花期 7—8 月，果期 9—10 月。

【分布与生境】分布于四川、青海、甘肃、西藏东北部、云南西北部，在青藏高原东南缘局部退化草地已形成优势种群。生长于海拔 2 600～4 700 m 的河滩、沼泽草甸、山坡草地、阴坡湿地或灌丛。

【毒性部位】全草。

【毒性成分与危害】含倍半萜和吡咯里西啶生物碱。主要毒性成分是吡咯里西啶生物碱，具有肝毒性，动物采食或误食均可引起肝损伤。黄帚橐吾新鲜时有强烈刺激味，放牧牲畜一般不采食，但在牧场转场或极度饥饿时，往往大量采食引起中毒，主要危害牛、羊。中毒表现为黄染、皮下组织及头耳肿胀、肝功能障碍，有神经症状，重者死亡。目前，黄帚橐吾已成为青海南部、四川西北部及甘肃南部天然退化草原主要毒害草之一，大面积的扩散蔓延使草地植被多样性受到破坏，生态环境恶化，对草地畜牧业发展和生态安全带来威胁。

【毒性级别】有毒。

【用途】全草入药，有清热解毒、健脾和胃功效，主治发热、肝胆之热、呕吐、胃脘痛等病症。橐吾属植物花色非常漂亮，可作为观赏植物，发展草原旅游。

薇甘菊

【拉丁名】*Mikania micrantha*。

【别名】小花假泽兰、小花蔓泽兰。

【科属】菊科假泽兰属多年生草本或木本有害植物。

【形态特征】茎细长，匍匐或攀缘，多分枝，被短柔毛，幼时绿色，近圆柱形，老茎淡褐色，具多条肋纹；叶三角状卵形至卵形，基部心形，两面无毛，基出 3～7 脉；叶柄长；头状花序，具小花 4 朵，两性花，总苞片 4 枚，狭长椭圆形，顶端渐尖，花有香气；花冠白色，脊状，檐部钟状，5 齿裂；瘦果长，黑色，被毛，具 5 棱，被腺体，冠毛白色；花期 9—10 月，果期 11 月至翌年 2 月。

【分布与生境】原产于美洲，1984 年在我国深圳发现，分布于广东、广西、福建、海南、湖南、香港、澳门等地，被列入我国首批外来入侵物种。生长于海拔 50～600 m 的山谷、沼泽或河边湿地。

【有害部位与危害】薇甘菊具有超强繁殖能力和攀缘能力，攀上灌木或乔木能迅速形成整株覆盖之势，阻碍附主植物的光合作用，并分泌毒汁，最终使该植物窒息死亡。目前，薇甘菊已成为危害性极强的国际性害草，主要危害天然次生林、风景林、水源保护林和经济林等特种用途林，通过缠绕覆盖阻挡其他植物光照，影响其生长甚至导致死亡。同时争夺其他植物水分和养分，使其他植物无法生长与繁殖，被称为"植物杀手"。薇甘菊扩张蔓延已对当地农业、林业生产、生态环境与生物多样性造成巨大损失与严重的生物安全威胁。据统计，我国仅珠三角地区每年因为薇甘菊泛滥造成生态经济损失约 5 亿元。

【毒性级别】无毒。

【用途】净化环境，薇甘菊可改变土壤养分结构，吸附土壤重金属，解决土壤重金属污染，可作为净化环境的重要植物。薇甘菊含多种用于染料制造的成分，具有防虫、杀菌作用，可作为自然芳香的天然植物染料，开发利用前景广阔。在原产地薇甘菊被广泛用作植物药，茎叶煎煮用来治疗创伤、痢疾、癌症、霍乱等疾病。

柳叶菜风毛菊

【拉丁名】*Saussurea epilobioides*。

【别名】柳兰叶风毛菊。

【科属】菊科风毛菊属多年生草本有毒植物。

【形态特征】根状茎短，茎直立，不分枝，无毛；基生叶、下部及中部茎生叶无柄，叶片线状长圆形，顶端长渐尖，基部渐狭成深心形而半抱茎的小耳，边缘具长尖头深密齿，上面被短糙毛，下面具小腺点；上部茎生叶小，与下部及中部茎生叶同形，基部无明显的小耳；头状花序多数，茎顶端排列成密集伞房状，花序梗短；总苞钟状或卵状钟形，总苞片4～5层，外层宽卵形，中层长圆形，顶端有黑绿色钻状马刀形附属物，内层长圆形或线状长圆形，顶端急尖或稍钝，小花紫色；瘦果圆柱状，无毛，冠毛白色，外层短糙毛状，内层长羽毛状；花期7—8月，果期8—9月。

【分布与生境】分布于甘肃、青海、四川、西藏等地。生长于海拔2 500～4 200 m的草甸草原、山坡草地、灌丛或疏林。

【毒性部位】全草。

【毒性成分与危害】含倍半萜类、黄酮类和生物碱等化学成分，毒性成分不详。目前，柳叶菜风毛菊已成为川西北高原和甘南草原退化草地主要毒害草之一，大面积的扩散蔓延使草地植被呈逆向演替，生态环境恶化，对草地畜牧业发展和生态安全带来威胁。

【毒性级别】小毒。

【用途】全草入药，有消肿止痛、收敛止血等功效，主治跌打损伤、骨折筋伤、风湿骨痛、尿血、便血、刀伤出血等病症。

长毛风毛菊

【拉丁名】*Saussurea hiraciodes*。

【别名】莪吉秀，藏语贝治牙扎。

【科属】菊科风毛菊属多年生草本有毒植物。

【形态特征】株高 5 ~ 35 cm，茎直立，密被白色长柔毛；基生叶莲座状，基部渐狭成具翼短柄，叶片椭圆形或长椭圆状倒披针形，顶端急尖或钝，

全缘或疏生浅齿；茎生叶与基生叶同形或线状披针形或线形，无柄，叶质薄，两面褐色或黄绿色，被稀疏长柔毛；头状花序单生茎顶端，总苞宽钟状，总苞片 4～5 层，边缘黑紫色，背面密被长柔毛，外层卵状披针形，中层披针形，内层狭披针形或线形，小花紫色；瘦果圆柱状，褐色，冠毛淡褐色，2 层，外层短糙毛状，内层长羽毛状；花期 6—8 月，果期 8—9 月。

【分布与生境】分布于甘肃、青海、四川、云南、西藏等地。生长于海拔 3 000～5 200 m 的高山碎石土坡、草甸草原或高寒草甸。

【毒性部位】全草。

【毒性成分与危害】主要含黄酮类、萜类、酚酸及香豆素类等成分，毒性成分不详。目前，长毛风毛菊已成为青藏高原东南缘退化草地主要毒害草之一，大面积的扩散蔓延使草地植被呈逆向演替，生态环境恶化，对草地畜牧业发展和生态安全带来威胁。

【毒性级别】小毒。

【用途】全草入药，有泄水逐饮、祛风透疹、活血镇静等功效，主治水肿、腹水、胸腔积液、膀胱炎、风湿性关节炎等病症。

尖苞风毛菊

【拉丁名】*Saussurea subulisquama*。

【别名】钻苞风毛菊。

【科属】菊科风毛菊属多年生草本有毒植物。

【形态特征】株高 7～18 cm，根状茎粗，茎直立，被稠密蛛丝毛；基生叶具长柄或短柄，叶片长椭圆形，羽状深裂或浅裂，侧裂片 4～7 对，

卵形或三角形，顶端急尖或钝；茎生叶与基生叶等样分裂，具短柄，叶两面异色，上面绿色，下面灰白色；头状花序单生茎顶端，总苞钟状，总苞片 5～6 层，革质，外层和中层披针形，内层宽线形，小花紫色；瘦果圆柱状，冠毛浅褐色，2 层，外层短糙毛状，内层长羽毛状；花期 7—8 月，果期 9—10 月。

【分布与生境】分布于甘肃、青海、四川、云南等地。生长于海拔 2 400～3 500 m 的山坡草地、高山草甸或高山灌丛。

【毒性部位】全草。

【毒性成分与危害】主要含黄酮类、萜类、酚酸及香豆素类等成分，毒性成分不详。目前，尖苞风毛菊已成为青藏高原东南缘退化草地优势种群，大面积的扩散蔓延使草地植被呈逆向演替，对草地畜牧业发展和生态安全带来一定威胁。

【毒性级别】小毒。

【用途】无。

加拿大一枝黄花

【拉丁名】*Solidago canadensis*。

【别名】黄莺、麒麟草、野黄菊、山边半枝香、满山黄等。

【科属】菊科一枝黄花属多年生草本有害植物。

【形态特征】株高 30 ～ 80 cm；地下根须状；茎直立，光滑，分枝少，基部带紫红色，单一；单叶互生，卵圆形、长圆形或披针形，长 4 ～ 10 cm，宽 1.5 ～ 4 cm，先端尖、渐尖或钝，边缘具锐锯齿，上部叶锯齿渐疏至全近缘；基部叶具柄，上部叶柄渐短或无柄；头状花序直径 5 ～ 8 mm，聚成总状或圆锥状，总苞钟形；苞片披针形；花黄色，舌状花约 8 朵，雌性，管状花多数，两性；瘦果圆柱

形，近无毛，冠毛白色；花期 9—10 月，果期 10—11 月。

【分布与生境】原产于北美洲，1935 年作为观赏植物引入我国，逸生成为恶性杂草，分布于华中、华南、西南、西北地区，被我国列为外来入侵物种。生长于河滩、荒地、路旁或农田等。

【毒性部位】全草。

【毒性成分与危害】主要含萜类、黄酮类及酚类等成分，毒性成分不详。加拿大一枝黄花根茎发达，繁殖力极强，传播速度快，生态适应性广阔，与周围植物争夺阳光、水分、土壤，直至其他植物死亡，对生态平衡和生物多

样性构成严重威胁，是一种典型的外来入侵性恶性杂草。此外，其花粉极易导致部分人群产生花粉过敏，引起呼吸道感染，危害人类健康。

【毒性级别】小毒。

【用途】全草入药，有疏风清热、抗菌消炎等功效，主治慢性肾炎、膀胱炎、结石、风湿等疾病。

狗舌草

【拉丁名】*Tephroseris kirilowii*。

【别名】狗舌头草、白火丹草、铜交杯、糯米青等。

【科属】菊科狗舌草属多年生草本有毒植物。

【形态特征】根细索状，茎单一，直立，高 20 ～ 65 cm，草质，被疏密不等白色茸毛；基部叶莲座状，具短柄，椭圆形或近乎匙形，边缘具浅齿或近乎全缘；中部叶卵状椭圆形，无柄，基部半抱茎；顶端叶披针形或线状披针形，先端长尖，基部抱茎；头状花序呈伞房状或假伞形排列，总苞近圆柱状钟形，花冠黄色，边缘舌状花，先端 2 ～ 3 齿裂，中央管状花，先端 5 齿裂；瘦果椭圆形，两端截形，具纵棱，被细毛，冠毛白色；花期 4—5 月，果期 6—8 月。

【分布与生境】分布于东北、华北、西北、西南地区。生长于海拔250 ～ 3 300 m 的山坡、林下、塘边湿地、高山草甸或亚高山草甸。

【毒性部位】全草，种子和茎叶毒性大。

【毒性成分与危害】含双稠吡咯生物碱，这类生物碱具有肝毒性。狗舌草新鲜时适口性差，动物一般不采食，但在冬春或干旱缺草季节，动物常因饥饿被迫采食可引起中毒，主要引起肝脏损害，各种动物均可中毒。

【毒性级别】有毒。

【用途】全草入药，有清热解毒、活血消肿、解痉挛、抗溃疡等功效，主治肺脓肿、尿路感染、肾炎水肿、口腔炎、跌打损伤、湿疹、疥疮等病症。狗舌草为莲座状，具短柄，叶片呈长圆形，形似狗舌头，花朵黄色，跟菊花相似，非常艳丽，可作为草原观赏植物。

苍耳

【拉丁名】*Xanthium strumarium*。

【别名】地葵、卷耳、狗耳朵草、苓耳等。

【科属】菊科苍耳属一年生草本有毒植物。

【形态特征】株高 30 ～ 60 cm，茎粗糙，被白色糙伏毛；叶互生，具长柄，叶片宽三角形或心形，先端锐尖，基部心形，边缘粗锯齿，粗糙或被短白色毛，基部有 3 条显著的脉；雄头状花序球形，花多数，总苞片长圆状披针形，花冠钟形；雌头状花序椭圆形，总苞

片外层披针形，总苞片 2～3 列，外列苞片小，内列苞片大，结成卵形 2 室硬体，顶端有 2 圆锥状的尖，具小花 2 朵，无花冠，子房在总苞内；瘦果倒卵形，包藏在有刺的总苞内；花期 7—8 月，果期 9—10 月。

【分布与生境】广泛分布于东北、华北、华东、华南、西北、西南地区，在新疆伊犁河谷草原、塔城和阿勒泰平原草原、宁夏南部、内蒙古呼和浩特小黑河两岸已形成优势种群。生长于海拔 1 000～2 600 m 的平原丘陵、干旱山坡、荒野草地、砂质荒地或路旁。

【毒性部位】全草，以幼芽和果实最毒，鲜叶比干叶毒。

【毒性成分与危害】含苍耳苷、毒蛋白及蒽醌等成分，主要毒性成分是苍耳苷和毒蛋白。主要危害人和牛、羊、猪等动物，家畜误食苍耳果实或幼苗后 2～3 d 可发生中毒，早期表现为食欲减退、流涎、呕吐、腹泻、精神萎靡，后期表现为可视黏膜黄染、排血样粪便、少尿、痉挛、全身震颤、呼吸及循环系统衰竭。人误服过量或未经炮制苍耳子 12～36 h 即可出现中毒。此外，同属植物刺苍耳（*Xanthium spinosum*）和意大利苍耳（*Xanthium italicum*）作为我国外来入侵植物，已在东北、华北及西北地区蔓延扩散，对入侵地农业、畜牧业及生物多样性造成严重威胁。

【毒性级别】有毒。

【用途】苍耳皮制成的纤维可以制成麻袋、麻绳。苍耳子油是一种高级香料，可用作油漆、油墨及肥皂硬化油等。药用，茎叶有祛风散热、解毒杀虫功效，果实有祛风散寒、止痛杀虫、利尿发汗功效；茎叶捣烂涂敷，治疥癣、虫咬伤等。

第 **4** 章

玄参科常见毒害草

碎米蕨叶马先蒿

【拉丁名】*Pedicularis cheilanthifolia*。

【别名】无。

【科属】玄参科马先蒿属草本有毒植物。

【形态特征】株高5～30 cm，根茎粗壮，被少数鳞片，茎单出直立，或成丛，多达十余条，不分枝，暗绿色，有4条深沟纹，沟中被成行的毛；基生叶丛生，茎叶4枚轮生，叶线状披针形，羽状全裂，羽状浅裂，具重锯齿；花序亚头状，苞片叶状，花萼长圆状钟形，脉上被密毛；花冠紫红色或白色，花柱伸出；蒴

果披针状三角形，锐尖而长，下部为宿萼所包，种子卵圆形，色浅，有网纹；花期6—8月，果期7—9月。

【分布与生境】分布于青海、新疆、西藏、甘肃等地，在新疆巴音布鲁克草原已形成优势种群。生长于海拔2 000～5 200 m的高山草甸、高山灌丛、河滩沼泽草甸或林缘草甸。

【毒性部位】全草。

【毒性成分与危害】含苯丙素苷、环烯醚萜苷、酚酸、去甲基单萜苷等，主要毒性成分不详。新鲜时有特殊气味，放牧牲畜一般不主动采食，未见自然中毒病例报道。慢性毒性试验表明，鼠粮中添加30%碎米蕨叶马先蒿草粉对小鼠肝脏和肾脏可造成轻微损伤。据统计，碎米蕨叶马先蒿在新疆巴音布鲁克草原大面积蔓延，面积已达6.74万 hm^2，与优良牧草竞争夺阳光、水、土壤和营养，致使优良牧草生长不良，草群结构改变，牧草产量下降，草场

质量降低，已成为危害草场较为严重的毒害草之一。

【毒性级别】小毒。

【用途】根及花入药，根有祛湿止痛、强心安神功效，花有利尿消肿、滋补等功效。马先蒿对高山和亚高山脆弱生态环境的适应力强，可作为草原植被修复先锋物种利用；同时花冠颜色艳丽，花冠形态奇特，也可作为草原观赏植物发展草原旅游。

中国马先蒿

【拉丁名】*Pedicularis chinensis*。

【别名】中国马薛蒿、华马先蒿。

【科属】玄参科马先蒿属一年生半寄生草本有毒植物。

【形态特征】株高达 30 cm，茎单出或多条，直立或弯曲上升至倾卧；叶基生与茎生，基生叶叶柄长，上部叶叶脉较短，均被长毛；叶片披针状长圆形或线状长圆形，羽状浅裂或半裂，裂片 7 ～ 13 对，卵形，具重锯齿；花序总状，苞片叶状，密被缘毛；花萼管状，密被毛，有时具紫斑，萼齿 2，叶状；花冠黄色，冠筒长 4.5 ～ 5 cm，外面有毛，上唇上端渐弯，下唇宽大，密被缘毛，中裂片较小，顶端平截或微圆；雄蕊花丝两对均被密毛；蒴果长圆状披针形，顶端有小凸尖；花期 6—7 月，果期 8—9 月。

【分布与生境】为我国特有植物，分布于四川、西藏、青海、甘肃、宁夏

等地，在中等退化草地已形成优势种群。生长于海拔 1 700 ～ 3 600 m 的高山草甸、高山灌丛、河滩草甸或林缘灌丛。

【毒性部位】全草。

【毒性成分与危害】含苯丙素苷、环烯醚萜苷、酚酸、去甲基单萜苷等，主要毒性成分不详。危害同碎米蕨叶马先蒿。目前，中国马先蒿已成为青藏高原主要毒害草之一，大面积的扩散蔓延使草地植被多样性受到破坏，生态环境恶化，对草地畜牧业发展和生态安全带来威胁。

【毒性级别】小毒。

【用途】中国马先蒿花色艳丽，是我国青藏高原独具特色的野生花卉之一，可作为草原观赏植物发展草原旅游。

长根马先蒿

【拉丁名】*Pedicularis dolichorrhiza*。

【别名】无。

【科属】玄参科马先蒿属多年生半寄生草本有毒植物。

【形态特征】株高 20 ～ 100 cm，根多数成丛，纺锤形，稍肉质；颈粗短，直立，不分枝，被膜质鳞片；叶互生，基生者成丛，至果期多枯死，叶片狭披针形，羽状全裂，裂片多达 25 对，羽状深裂，茎生叶向上渐小，叶柄渐短；花序长穗状，花疏生；花萼被疏长毛，钟形，前方稍开裂，膜质，

主脉 5 条；花冠黄色，冠筒长，上唇上端镰状弓曲，下唇与上唇近等长，3 裂片有啮痕状齿；蒴果长，熟时黑色，有凸尖，种子长卵形，有种阜，外面有明显网纹；花期 7—8 月，果期 9—10 月。

【分布与生境】分布于新疆北部地区，在天山北坡海拔 1 500 m 左右的中山带已形成优势种群。生长于海拔 1 900 ～ 4 600 m 的林间草地、灌丛、高寒草甸、沼泽、砾石地或山坡草地。

【毒性部位】全草。

【毒性成分与危害】含苯丙素苷、环烯醚萜苷、酚酸及去甲基单萜苷等，主要毒性成分不详。长根马先蒿春季返青早，生长发育快，茎叶茂盛，生育时间长，新鲜时有一种特殊气味，放牧牲畜一般不主动采食，但到秋冬季节枯萎后，动物喜欢采食，若采食过量可引起中毒。

【毒性级别】小毒。

【用途】长根马先蒿花期粗蛋白质和粗脂肪含量较高，具有中等饲用价值，在可食牧草缺乏地区可作为潜在的牧草资源利用。

草莓状马先蒿

【拉丁名】*Pedicularis fragarioides*。

【别名】无。

【科属】玄参科马先蒿属多年生半寄生草本有毒植物。

【形态特征】草质，多毛，干时变黑；地下根茎长，黑色光滑，向各方向发出不育成丛基生叶和着花茎，其节被对生拔针形膜质鳞片，并发出许多细长而柔软的须状根，略粗而微带肉质，其上更生细须根，根颈也被膜质

鳞片，并生成丛的质状根；茎高不及
10 cm，常倾卧或斜升，节间短，多少
四棱形而被稠密的淡褐色毛，常在中下
部分枝；叶基出者紫黑色，具长柄，叶
柄黑色如铁丝，扁平有沟；茎生叶叶片
较狭长，基部为广楔形至亚圆形，上面
均散布平卷曲毛，背面脉上有长而伸直
的刺状长白毛；花序有时在第二轮叶腋
中开，在分枝上者短而头状，均密被褐
色毛；苞片三角状至菱状宽卵形，具浅
圆齿，甚短于花，暗紫红色；花冠长，
紫红色，缘有明显的深啮痕状齿，裂片
3，均为圆卵形；花丝2对，无毛，花
柱从方角中伸出；花期8月。

【分布与生境】为我国特有植物，
分布于四川西北部。生长于海拔4 700 m
的高寒草甸或碎石坡地。

【毒性部位】全草。

【毒性成分与危害】含苯丙素苷、
环烯醚萜苷、酚酸及去甲基单萜苷等，
主要毒性成分不详。危害同碎米蕨叶马先蒿。

【毒性级别】小毒。

【用途】不详。

甘肃马先蒿

【拉丁名】*Pedicularis kansuensis*。

【别名】无。

【科属】玄参科马先蒿属半寄生草本有毒植物。

【形态特征】株高达40 cm，多毛；茎多条丛生自基部发出，草质，具4
条成行毛线；基生叶叶柄较长，被密毛，茎生叶4枚轮生；叶片长圆形，锐
头，羽状全裂，裂片约10对，披针形，羽状深裂，小裂片具锯齿；花序长

者达 25 cm，花轮生，下部苞片叶状，上部苞片亚掌状 3 裂；花萼近球形，膜质，三角形，具锯齿；花冠紫红色，冠筒近基部膝曲，具有波状齿的鸡冠状凸起；花丝 1 对，被毛，柱头略伸出；蒴果斜卵形，稍自宿萼伸出，具长锐尖头；花期 6—8 月。

【分布与生境】分布于青海、甘肃西南部、四川西北部、西藏东部。生长于海拔 1 800 ～ 4 600 m 的高山草甸、高寒草甸、灌木疏林、河沟河滩旁或砾石岩缝。

【毒性部位】全草。

【毒性成分与危害】含生物碱、苯丙素苷、环烯醚萜苷、黄酮类及酚酸等，主要毒性成分不详。甘肃马先蒿自然中毒病例及毒性研究未见报道。目前，甘肃马先蒿主要以其强大的种子繁殖能力、生存竞争力和集群分布形式，迅速扩散，占据草地空间，抑制其他优良牧草的生长，已成为青藏高原高寒草甸草原主要毒害草之一，对天然草地植物多样性及草地生产力造成巨大威胁。新鲜时具有恶臭和刺激性气味，放牧牲畜一般不采食，若误食后出现呕吐、腹痛、腹泻等消化道症状。

【毒性级别】小毒。

【用途】全草入药，有清热利湿、调经活血等功效，主治肝炎、胆囊炎、月经不调、水肿等病症。现代药理研究发现，该属植物有抗氧化、抗肿瘤、滋阴、改善脾虚症状等多种生物活性，具有很大的研究与开发潜力。甘肃马先蒿花色艳丽，是我国青藏高原独具特色的野生花卉之一，可作为草原观赏植物发展草原旅游。

斑唇马先蒿

【拉丁名】*Pedicularis longiflora*。

【别名】长花马先蒿，藏语露如赛保。

【科属】玄参科马先蒿属多年生半寄生草本有毒植物。

【形态特征】株高 5～20 cm，茎短，近无毛；基生叶密生，叶披针形或窄长圆形，羽状浅裂或深裂，裂片5～9 对，具重锯齿；茎生叶互生，具短柄；花腋生，花梗短，花萼筒长，具缘毛，萼齿 2，掌状开裂；花冠黄色，冠筒被毛，上唇上端转向前上方，前端

具细喙呈半环状卷曲，下唇宽大于长，具长缘毛，近喉部具 2 个棕红色或紫褐色斑点，3 裂片先端均凹下，花丝均密被毛；蒴果披针形，种子狭卵圆形，有明显黑色种阜，具纵条纹；花期 6—9 月，果期 9—10 月。

【分布与生境】分布于西藏、青海、甘肃、云南、四川等地，在青藏高原已形成优势种群。生长于海拔 2 700～5 300 m 的高山草甸、高寒草甸、沼泽或林缘湿地。

【毒性部位】全草。

【毒性成分与危害】含黄酮类、环烯醚萜类、苯丙素苷类及生物碱等成分，主要毒性成分不详，也未见自然中毒病例报道。斑唇马先蒿种子繁殖力强，能迅速扩散，占据草地空间，抑制其他优良牧草的生长，对天然草地植物多样性及草地生产力造成巨大威胁。

【毒性级别】小毒。

【用途】入藏药，有清热解毒、强筋利水、健脾消食、固精等功效，主治风热症、消化不良、肉食中毒、神昏谵语、水肿、遗精等病症。

欧氏马先蒿

【拉丁名】*Pedicularis oederi*。

【别名】藏语吉子赛保。

【科属】玄参科马先蒿属多年生半寄生草本有毒植物。

【形态特征】株高 5 ～ 10 cm，根多数，稍纺锤形，肉质；颈粗，顶端常被少数卵形至披针状长圆形的宿存膜质鳞片，草质多汁，常为花葶状；叶多基生，宿存成丛，线状披针形或线形，羽状全裂，裂片 10 ～ 20 对，具锯齿；花

序顶生，苞片叶状，常被绵毛，花萼窄圆筒形，萼齿 5，全缘，于顶端膨大具锯齿；花冠多二色，盔端紫黑色，其余黄白色，有时下唇及盔的下部也具紫色斑点；雄蕊花丝前方 1 对被毛，后方 1 对光滑；花柱不伸出盔端；蒴果长卵形至卵状披针形，两室强烈不等，种子灰色，狭卵形锐头，有细网纹；花期 6—9 月，果期 9—10 月。

【分布与生境】分布于新疆、西藏，在天山以北和喜马拉雅山以北地区已形成优势种群。生长于海拔 2 600 ～ 4 300 m 的高山、沼泽、草甸或阴湿林下。

【毒性部位】全草。

【毒性成分与危害】含苯丙素苷类、黄酮类、环烯醚萜类及生物碱等成分，主要毒性成分不详。危害同甘肃马先蒿。

【毒性级别】小毒。

【用途】入藏药，主治肉食中毒、胃病、固齿。

膨萼马先蒿

【拉丁名】*Pedicularis physocalyx*。

【别名】无。

【科属】玄参科马先蒿属多年生半寄生草本有毒植物。

【形态特征】株高 16～20 cm，干时不变黑色，根茎短，发出细而肉质须状根，茎简单或具少数分枝，弯曲上升，较少直立，密被褐色似蛛丝状柔毛；叶多数，基出与茎生，基出者具长柄，叶柄长约为叶片长的 1/2，被褐色毛，叶片近无毛或光滑，披针形，深裂，裂片长圆形，缘羽状开裂，小裂片

具锯齿，茎生叶叶柄较短至无柄，羽裂也较浅；花序长圆形，被柔毛，花具短梗，稠密，在下方者常对生，苞片具缺刻状齿；花冠黄色，外面无毛，内方喉部多被毛，管伸直，先端钩状弯曲；雄蕊花丝 2 对，无毛；花期 7—8

月，果期 9—10 月。

【分布与生境】分布于新疆巴州、伊宁、阿勒泰、裕民等地。生长于海拔 1 200 ～ 3 000 m 的山地草原、高山草甸或疏林。

【毒性部位】全草。

【毒性成分与危害】含苯丙素苷类、黄酮类、环烯醚萜类及生物碱等成分，主要毒性成分不详。危害同甘肃马先蒿。

【毒性级别】小毒。

【用途】不详。

假弯管马先蒿

【拉丁名】*Pedicularis pseudocurvituba*。

【别名】无。

【科属】玄参科马先蒿属一年生半寄生草本有毒植物。

【形态特征】株高 30 ～ 50 cm，干时不变黑色；主根强大，垂直向下，近端处有细侧根或分枝，在主根与根茎相接处常被小鳞片若干轮，根茎有纵条纹；茎多条自根颈发出，与多数宿存的基生叶成为密丛，在有分枝根茎的植株中则有与根茎分枝相等的丛数，但在地面不易分辨，各丛中有 1 条主茎，直立，有纵条纹及 4 条毛线；叶基生或茎生，叶片线状披针形、长

圆状披针形至卵状长圆形，羽状全裂，裂片疏远，每边 6 ～ 10 枚，卵状披针形至线状披针形；花序以多数间断的花轮组成，穗状而密，苞片下部者叶状，上部者完全膜质而宽卵形；花冠黄色，管极粗，约在中部向前膝屈，花丝 2 对，被毛，一对密一对疏，柱头不伸出；蒴果长，斜卵形，锐头，下线伸直，上线弯曲，扁平，种子扁平，椭圆形，种皮有细网纹，褐色；花期 6—7 月，果期 8—9 月。

【分布与生境】为我国特有植物，分布于青海、甘肃北部及西南部。生长于海拔 2 600 ～ 4 300 m 的干旱山坡、高山草甸、河滩或河谷沙地。

【毒性部位】全草。

【毒性成分与危害】含苯丙素苷、环烯醚萜苷、黄酮类、酚酸及生物碱等成分，主要毒性成分不详。危害同甘肃马先蒿。

【毒性级别】小毒。

【用途】不详。

拟鼻花马先蒿

【拉丁名】*Pedicularis rhinanthoides*。

【别名】无。

【科属】玄参科马先蒿属多年生半寄生草本有毒植物。

【形态特征】株高 4 ～ 30 cm，干时略转黑色；根茎极短，根成丛，纺锤形或胡萝卜状，肉质；叶基生者常密丛，叶片线状长圆形，羽状全裂，裂片 9 ～ 12 对，卵形；花顶生亚头状总状花序或多少伸长，苞片叶状，花梗短，无毛；花萼卵形，上半部有密网纹，无毛或被微毛，常具色斑，齿 5 枚，齿端常有白色胼胝；花冠玫瑰色，外面有毛，大部伸直，在近端处稍变粗而微向

前弯；雄蕊着生于管端，前方 1 对花丝有毛；蒴果长为花萼长的 1.5 倍，披针状卵形，有小凸尖，种子卵圆形，浅褐色，有明显的网纹；花期 7—8 月，果期 8—9 月。

【分布与生境】分布于西藏、云南、四川、青海、新疆、甘肃等地。生长于海拔 3 500 ～ 5 000 m 的高寒草甸、沼泽湿地或潮湿草甸。

【毒性部位】全草。

【毒性成分与危害】含苯丙素苷、环烯醚萜苷、黄酮类及生物碱等成分，主要毒性成分不详。危害同甘肃马先蒿。

【毒性级别】小毒。

【用途】不详。

台氏管花马先蒿

【拉丁名】*Pedicularis siphonantha*。

【别名】五齿管花马先蒿。

【科属】玄参科马先蒿属多年生半寄生草本有毒植物。

【形态特征】株高 8 ～ 10 cm，根为纺锤形，根茎短，常被少数宿存鳞片；叶基生与茎生，具长柄，叶片披针状长圆形至线状长圆形，羽状全裂，裂片

6 ～ 15 对；花腋生，在主茎上常直达基部而很密，花萼圆筒状，萼齿 5；花冠玫瑰红色，管长 4 ～ 7 cm，盔直立部分顶端前缘有耳，不很明显或不存在；蒴果卵状长圆形，顶端伸直而锐尖；花期 6—8 月，果期 9—10 月。

【分布与生境】分布于云南西北部、四川西部，尤其在云南西北部天然草原已形成优势种群。生长于海拔 3 000 ～ 4 600 m 的高山湿草地、沼泽草甸、杜鹃灌丛或冷杉、云杉林下。

【毒性部位】全草。

【毒性成分与危害】含苯丙素苷、环烯醚萜苷及生物碱等成分，主要毒性成分不详。危害同甘肃马先蒿。

【毒性级别】有毒。

【用途】台氏管花马先蒿花紫红色，具细长管，扭曲喙，下唇茎部具白色斑，形态别致，具有很高观赏价值。

轮叶马先蒿

【拉丁名】*Pedicularis verticillata*。

【别名】土人参。

【科属】玄参科马先蒿属多年生半寄生草本有毒植物。

【形态特征】株高 15 ～ 35 cm，主根稍纺锤形，肉质；茎常成丛，具毛线 4 条；基生叶具柄，密被白色长毛，叶片长圆形或线状披针形，羽状深裂或全裂，裂片有缺刻状刺，齿端有白色胼胝；茎生叶常 4 枚轮生，叶柄短或近无柄，叶较短宽；花序总状，花轮生，常稠密，苞片叶状；花萼球状卵圆

形，膜质，常变红色，密被长柔毛，全缘；花冠紫红色，冠筒近基部直角前曲，下唇与上唇近等长，裂片有红脉；雄蕊药对离开而不并生，花柱稍伸出；蒴果多披针形，顶端渐尖，不弓曲，种子黑色，半圆形，有细纵纹；花期6—7月，果期8—9月。

【**分布与生境**】分布于东北、西北、西南地区，尤其在西部天然草原形成优势种群。生长于海拔 1 900 ~ 4 600 m 的湿润草地、山坡草地或高寒草甸。

【**毒性部位**】全草。

【**毒性成分与危害**】含苯丙素苷、环烯醚萜苷、黄酮类及生物碱等成分，主要毒性成分不详。轮叶马先蒿有异味，放牧牲畜一般不采食，在过度放牧草地常成为优势种，大量滋生侵占草地，导致草原退化。动物误食中毒后，主要表现为消化系统和神经系统症状。

【**毒性级别**】小毒。

【**用途**】根入药，有益气生津、养心安神等功效，主治气血虚损、体虚多汗、虚脱衰竭、血压降低等病症。现代药理研究发现，轮叶马先蒿具有抗肿瘤、抗氧化、DNA 修复、增强免疫、保肝、降压利尿等多种生理活性。轮叶马先蒿枝叶繁茂，唇形花紫红色，密集成团，花期长，可作为观赏植物利用或盆栽。

第 5 章

百合科常见毒害草

北萱草

【拉丁名】*Hemerocallis esculenta*。

【别名】无。

【科属】百合科萱草属多年生草本有毒植物。

【形态特征】短根状茎，根肉质，中下部纺锤状膨大；叶基生，背面呈龙骨状突起；花葶稍短于叶或近等长，总状花序缩短，具花 2 ～ 6 朵，有时花近簇生，花梗短；苞片卵状披针形，先端长渐尖或近尾状；花橘黄色，花蕾时外面呈红色，开放时外轮裂片背面红色；花被裂片 6，具平行脉，倒披针形，盛开时略外弯，雄蕊伸出上弯；蒴果椭圆形；花期 5—7 月，果期 7—8 月。

【分布与生境】分布于山西、河北、河南、陕西秦岭以北、甘肃东南部。生长于海拔 500 ～ 2 500 m 的山坡荒地、山谷或平原草地。

【毒性部位】全草，尤以根部毒性较大。

【毒性成分与危害】花含秋水仙碱，根含萱草根素。主要危害放牧绵羊和山羊。北萱草根多汁，适口性好，每年春季缺草时牲畜喜欢采食，常引起中毒，主要表现为瞳孔散大、双目失明、四肢或全身瘫痪、膀胱麻痹、脑和脊髓白质软化、视神经软化以及空泡变性等特征。研究表明，羊连续每天内服北萱草根粉11～21 g/只，1～2周后可引起与自然病例相同的中毒，典型症状是双目失明。绵羊口服北萱草根粉中毒量为3.63～4.5 g/kg体重，致死量为5.88～7.87 g/kg体重。

【毒性级别】有毒。

【用途】北萱草花色艳丽，可作为观赏植物栽培。

萱草

【拉丁名】*Hemerocallis fulva*。

【别名】黄花菜、金针菜、忘萱草、川草花等。

【科属】百合科萱草属多年生宿根草本有毒植物。

【形态特征】根状茎粗短，纤维根肉质，中下部纺锤状膨大；叶基生成丛，条状披针形，长30～60 cm，宽约2.5 cm，背面被白粉；花早上开晚上凋谢，无香味，花葶粗壮，圆锥花序顶生，具花6～12朵或更多，苞片卵状披针形；橘黄色大花，花被裂片6，开展，向外反卷；雄蕊6，花丝长，着生于花被喉部；子房上位，花柱细长；蒴果长圆形；花期5—7月，果期7—9月。

【分布与生境】分布于秦岭以南、长江流域各地。生长于海拔300～2 500 m的山坡荒地、山谷、阴湿草地或林下。

【**毒性部位**】全草，尤以根部毒性较大。

【**毒性成分与危害**】根含萱草根素，具有神经毒性。主要危害放牧绵羊和山羊，发病有明显季节性与地方性，多发生在野生或栽培萱草比较密集的地方。每年冬末春初缺草时期，羊只放牧时刨食草根达到中毒剂量即可引起中毒，主要表现为瞳孔散大、双目失明、瘫痪、膀胱麻痹等症状，出现脑和脊髓白质软化、视神经变性，俗称"瞎眼病"。目前，萱草根中毒已成为我国北方农牧交错地带或半农半牧区危害牲畜健康养殖的中毒性疾病。

【**毒性级别**】有毒。

【**用途**】萱草花色鲜艳，有很高观赏价值，可作为观赏及切花花卉利用。根入药，有清热利尿、凉血止血等功效，主治腮腺炎、黄疸、膀胱炎、尿血、乳腺炎等病症。现代药理研究表明，萱草根对血吸虫病和结核病有治疗作用。

北黄花菜

【**拉丁名**】*Hemerocallis lilioasphodelus*。

【**别名**】金针菜、黄花苗子、北黄花萱草等。

【**科属**】百合科萱草属多年生草本有毒植物。

【**形态特征**】根绳索状，稍肉质，粗细变化较大；叶长 20 ～ 70 cm，宽 3 ～ 12 mm；花葶长或稍短于叶，花序分枝，多为假二歧状的总状花序或圆锥花序，具花 4 朵至多数；苞片披针形，在花序基部较长，上部较短；花梗明显，长短不一，花被淡黄色，花被管长 1.5 ～ 3 cm；花被裂片长 5 ～ 7 cm，内具 3 片宽约 1.5 cm；蒴果椭圆形，长约 2 cm，宽约 1.5 cm

或更宽；花期6—7月，果期8—9月。

【分布与生境】分布于黑龙江、辽宁、河北、山东、山西、陕西、甘肃等地。生长于海拔500～2 300 m的高山草甸、湿地、荒山坡地或灌丛。

【毒性部位】全草，根部毒性较大。

【毒性成分与危害】根含萱草根素。主要危害绵羊和山羊，牛偶有中毒。中毒症状同萱草属其他有毒植物。研究表明，给家兔每天灌服24 mg/kg体重萱草根素，10～13 d家兔发生以中枢神经系统紊乱为特征的中毒，病理组织学检查可见中毒家兔神经纤维脱髓鞘和神经细胞广泛性坏死，特别是视神经细胞变性萎缩，并最终导致家兔失明和死亡。

【毒性级别】有毒。

【用途】根及根茎入药，有利尿消肿、凉血止血等功效，主治腮腺炎、乳腺炎、膀胱炎、尿血、黄疸等病症。北黄花菜具有很高的观赏价值，可作为观赏植物人工栽培。同属植物黄花菜（*Hemerocallis citrina*）可食用，但不能直接生食，是因为黄花菜鲜花含秋水仙碱，进入人体可转化为二氧秋水仙碱使人中毒，因此，须经过高温蒸煮等加工处理后食用或干制食用。

小黄花菜

【拉丁名】*Hemerocallis minor*。

【别名】黄花菜。

【科属】百合科萱草属多年生草本有毒植物。

【形态特征】根较细，绳索状，不膨大；基生叶，叶长20～60 cm，宽3～14 mm；花葶多数，花葶稍短于叶或近等长，花序不分枝或稀为二枝状分枝，顶端常具花 1 ～ 2 朵；花梗很短，苞片近披针形；花被黄色或淡黄色，花被管长 1 ～ 2.5 cm；花被裂片长 4.5 ～ 6 cm，内 3 片宽 1.5 ～ 2.3 cm；蒴果椭圆形或矩圆形，长 2 ～ 3 cm，宽 1.2 ～ 2 cm；花期 6—7 月，果期 7—9 月。

【分布与生境】分布于黑龙江、吉林、辽宁、内蒙古、河北、山西、山东、陕西、甘肃等地。生长于海拔 2 300 m 以下的山坡草地、草甸草原、林缘或灌丛。

【毒性部位】全草，根毒性较大。

【毒性成分与危害】花含秋水仙碱，根含萱草根素。小黄花菜幼苗嫩叶放牧牲畜喜欢采食，但如果采食过量可引起中毒。一般在采食后 3 ～ 5 d 发病，病初精神萎靡、反应迟钝、离群呆立，继之双目失明、盲目行走、四肢高举或转圈运动，严重时四肢麻痹、卧地不起，终因呼吸麻痹而死亡。每年春季放牧牲畜常因刨食多汁且适口性好的小黄花菜根引起中毒。人如果食用未经脱毒处理的小黄花菜花也可引起中毒。

【毒性级别】有毒。

【用途】根入药，有清热利尿、凉血止血功效，外用治乳痈。花大鲜艳，可作为城市绿化观赏植物栽培。

兴安藜芦

【拉丁名】*Veratrum dahuricum*。

【别名】无。

【科属】百合科藜芦属多年生草本有毒植物。

【形态特征】株高 70 ～ 150 cm，根状茎粗，茎基部具浅褐色或灰色无网眼纤维束；叶互生，椭圆形或卵状圆形，长 10 ～ 25 cm，宽 5 ～ 10 cm，先端渐尖，基部无柄，抱茎，背面密被银白色短柔毛；圆锥花序近纺锤形，长 20 ～ 60 cm，总轴和枝轴密被白色短绵状毛；花密集，花被片淡黄绿色带白色边缘，近直立或稍开展，椭圆形或卵状椭圆形，花梗短；小苞片比花梗长，卵状披针形，背面和边缘被毛；花两性或单性，花被裂片 6，淡黄绿色带白色边缘，椭圆形或卵状圆形，具 7 脉，边缘锐锯齿状；雄蕊 6，花药球形，子房近圆锥形，密被短柔毛；花期 6—7 月，果期 8—9 月。

【分布与生境】分布于黑龙江、吉林、辽宁、内蒙古、新疆等地。生长于海拔 500 ～ 2 600 m 的平原草甸、湿地或阔叶林下。

【毒性部位】全草，根茎毒性较大。

【毒性成分与危害】含藜芦碱、藜芦胺、藜芦托素等甾体类生物碱，其中以藜芦碱毒性最强。主要危害牛、马、羊等放牧牲畜，误食后可引起急性中毒，主要表现为流涎、腹痛、腹泻、肌肉无力、共济失调、心跳缓慢、呼吸深而慢等中毒症状，严重者全身衰竭、昏迷，直至呼吸衰竭死亡。目前，兴安

藜芦已成为我国东北平原草甸或林缘草原地带主要毒害草之一，给草地畜牧业发展和生态安全带来威胁。

【**毒性级别**】大毒。

【**用途**】根茎入药，主治中风痰壅、癫痫、喉痹不通、疥癣、恶疮等病症。现代药理研究表明，兴安藜芦所含生物碱具有显著抗肿瘤活性和杀虫活性，可作为抗肿瘤药物或植物源性农药开发利用。

黑紫藜芦

【**拉丁名**】*Veratrum japonicum*。

【**别名**】牯岭藜芦、黑果藜芦、天目藜芦、翻天印、七厘丹等。

【**科属**】百合科藜芦属多年生草本有毒植物。

【**形态特征**】株高 30 ～ 100 cm，茎柔弱或稍粗壮，基部具带网眼纤维网；叶多数，近基生，狭带状或狭长矩圆形，先端锐尖，基部下延成柄，抱茎，两面无毛；圆锥花序短缩或扩展而伸长，花序轴和花梗密被白色绵状毛；雄性花和两性花同株或有时整个花序具两性花；花被片反折，黑紫色、深紫色或棕色，矩圆形或矩圆状披针形，先端钝或稍尖，基部无柄，全缘，外花被片背面

被白色短柔毛或无毛；侧生花序花梗长，小苞片短于或近等长于花梗，背面密被白色绵状毛；雄蕊纤细，子房无毛；蒴果直立；花期 7—8 月，果期 8—9 月。

【**分布与生境**】分布于南方各地。生长于海拔 1 300 ～ 2 500 m 的山坡沟谷林下或阴湿草地。

【**毒性部位**】全草，根茎毒性较大。

【毒性成分与危害】含介藜芦碱、表红介藜芦碱、藜芦胺等甾体类生物碱，这类生物碱具有生殖毒性、遗传毒性和神经毒性，能使妊娠期母羊或母牛腹中胎盘发生畸形或死胎。主要危害放牧动物，误食后可引起呕吐、腹泻、衰竭、昏迷，直至呼吸衰竭死亡。

【毒性级别】大毒。

【用途】根及根茎入药，主治中风痰壅、喉痹不通、癫痫、头痛、跌打损伤、骨痛等病症。现代药理研究表明，黑紫藜芦具有降压、强心、改善脑循环、抗肿瘤、抗菌杀虫等作用。

阿尔泰藜芦

【拉丁名】*Veratrum lobelianum*。

【别名】新疆藜芦。

【科属】百合科藜芦属多年生草本有毒植物。

【形态特征】株高1 m以上，下部连叶鞘，基部具无网眼纤维束；茎下部叶较大，宽卵状椭圆形，长约20 cm，宽10～16 cm，先端钝或渐尖，背面密被微柔毛，向上逐渐变小呈披针形；圆锥花序，长30 cm左右，具多数近等长的侧生总状花序，每侧生花序常又再次分枝，总轴和枝轴密被灰色柔毛；花密生，黄绿色，花被片狭椭圆形，先端略

尖或钝，基部近柄状，边缘具不明显细
牙齿；花梗短于小苞片，被柔毛；子房
长于宽，无毛；蒴果长 2 ~ 2.5 cm，宽
约 1 cm；花期 6—7 月，果期 8—9 月。

【**分布与生境**】分布于新疆北部及
阿尔泰山脉，在新疆阿勒泰天然草原
已形成优势种群。生长于海拔 1 500 ~
2 000 m 的山地林下湿地、沟谷低湿地
或疏林，常成片聚生。

【**毒性部位**】全草，根茎毒性较大。

【**毒性成分与危害**】含黎芦碱、原
黎芦碱等多种甾体类生物碱。主要危害
放牧牲畜。每年春季阿尔泰黎芦返青早，其幼嫩枝叶易被放牧牲畜误食，引
起口吐白沫、腹胀、流涎、腹泻、抽搐等急性中毒，严重者全身衰竭、昏迷，
终因呼吸衰竭死亡。目前，阿尔泰黎芦主要生长在新疆阿勒泰的布尔津、哈
巴河、青河、福海及哈密的巴里坤、伊吾等地，已成为危害该地区草地畜牧
业发展和生态安全的常见毒害草。

【**毒性级别**】大毒。

【**用途**】根茎入药，有镇痛、催吐、杀虫等功效，主治跌打损伤、风湿疼
痛、疥癣等病症。

毛穗藜芦

【拉丁名】*Veratrum maackii*。

【别名】马氏葵芦、穗藜芦、毛黎芦等。

【科属】百合科藜芦属多年生草本有毒植物。

【形态特征】株高 60 ～ 100 cm，茎纤细，基部稍粗，被棕褐色有网眼纤维网；叶折扇状，长圆状披针形或窄长圆形，长约 30 cm，宽 1 ～ 4 cm，两面无毛，先端渐尖，基部收狭成柄，叶柄长达10 cm；圆锥花序，疏生较短的侧生花序，下部侧生花序；总轴和枝轴密被绵状毛；花多数，疏生，花被片黑紫色，开展或反折，近倒卵状矩圆形，先端钝，基部无爪，全缘；花梗长约为花被片长的 2倍，侧生花序花梗短于顶生花序花梗；小苞片背面和边缘被毛，雄蕊长约为花被片的 1/2，子房无毛；蒴果直立；花期 7—8 月，果期 9—10 月。

【分布与生境】分布于辽宁、吉林、黑龙江、内蒙古等地。生长于海拔400 ～ 1 700 m 的山坡草地、林下草地或高山草甸。

【毒性部位】全草，根茎毒性较大。

【毒性成分与危害】含藜芦嗪、毛穗藜芦碱、藜芦嗪宁等甾体生物碱。主要危害放牧动物。误食后可引起呕吐、腹泻、全身衰竭、昏迷，终因呼吸衰竭死亡。

【毒性级别】大毒。

【用途】根入药，主治中风痰壅、癫痫、头痛、毒蛇咬伤，外用主治疥癣等病症。现代药理研究表明，藜芦属植物所含甾体生物碱类、酚性化合物和黄酮类等化学成分，具有降血压、抗血小板聚集和抗血栓形成、抗炎和镇痛、抗肿瘤等药理作用。全草可作为植物性杀虫剂开发利用。

藜芦

【拉丁名】*Veratrum nigrum*。

【别名】黑藜芦、山葱、旱葱、葱葵等。

【科属】百合科藜芦属多年生草本有毒植物。

【形态特征】根多数，细长，肉质；株高 60 ～ 100 cm，茎直立，粗壮，基部鞘有网眼黑色纤维网；叶互生，卵形或椭圆形至卵状披针形，长 30 cm，抱茎，先端锐尖，无柄或茎上部叶具短柄，两面无毛；圆锥花序密生黑紫色花，侧生总状花序近直立伸展；顶生总状花序常较侧生花序长，着生两性花；总轴和枝轴密被白色绵状毛；小苞片披针形，边缘和背面被毛；花被片开展或在两性花中略反折，先端钝或圆，基部稍收窄，全缘；蒴果卵状三角形，直立，种子多数；花期 7—8 月，果期 8—9 月。

【分布与生境】分布于东北、华北、西北、西南地区。目前，藜芦在新疆北部和内蒙古东部局部天然退化草地已形成优势种群，成为制约当地草地畜牧业发展和生态安全的主要毒害草之一。生长于海拔 1 200 ～ 3 300 m 的山坡草地、林下湿地或灌丛。

【**毒性部位**】全草，根茎毒性大。

【**毒性成分与危害**】含原藜芦碱、藜芦碱、红藜芦碱等多种甾体生物碱，以藜芦碱毒性最强，对胃肠黏膜有强烈的刺激作用和神经毒性。主要危害牛、山羊、绵羊、马等放牧动物。每年春季放牧牲畜常因饥饿或贪青采食藜芦引起急性中毒，表现为流涎、呕吐、腹痛、腹泻、频尿，严重者全身出汗、心跳缓慢、节律不齐、黏膜发绀、肌肉震颤、痉挛、运动障碍，后期抽搐、瞳孔散大、昏迷，终因呼吸衰竭死亡。有资料报道，母羊在怀孕 12 ~ 40 d 采食，可导致胎儿头部畸形和独眼畸形。

【**毒性级别**】大毒。

【**用途**】根及根茎入药，有催吐、祛痰、杀虫等功效，主治癫痫、喉痹、淋巴管炎、乳腺炎、跌打损伤、疥疮等病症。

第 **6** 章

茄科常见毒害草

山莨菪

【拉丁名】*Anisodus tanguticus*。

【别名】黄桔鹃、黄花山莨菪、唐古特莨菪，藏语唐川那保等。

【科属】茄科山莨菪属多年生草本有毒植物。

【形态特征】株高达 1 m，根粗，近肉质，长圆锥形，黄褐色；茎直立，丛生，无毛或被微柔毛；单叶互生，叶片长圆形、窄长圆状卵形或披针形，全缘或具微波或具疏浅齿；花单生于叶腋，花梗粗壮，先端微弯；花冠钟状或漏斗状钟形，与花萼略等长，紫色或暗紫色，先端有 5 个浅圆形裂片，花冠筒内面被柔毛；雄蕊长约为花冠的 1/2，花盘淡黄色；蒴果包围于膨大宿萼中，球状或近卵状，肋和网脉明显隆起，种子多数，棕褐色，扁圆形；花期 5—7 月，果期 8—9 月。

【分布与生境】分布于东北、华北、西北、西南地区。生长于海拔 1 700 ～ 4 500 m 的山坡草地、林旁、高山疏林或路边。

【毒性部位】全草，根毒性大。

【毒性成分与危害】含山莨菪碱、莨菪碱、东莨菪碱等多种生物碱。毒理作用与阿托品相似，山莨菪碱中枢作用较阿托品弱，具有明显的外周抗胆碱作用，能对抗乙酰胆

碱引起的肠和膀胱平滑肌收缩和血压下降，并能使体内肠张力降低，作用强度与阿托品近似，毒性较阿托品小。放牧牲畜误食或饥饿采食可引起急性中毒，表现为口渴、咽喉灼热、吞咽困难、瞳孔散大、视物模糊、兴奋、烦躁不安等，严重者痉挛，因呼吸麻痹而死亡。

【**毒性级别**】有毒。

【**用途**】根入药，有镇痛解痉、活血化瘀、止血生肌等功效，主治溃疡、急慢性胃肠炎、胃肠神经功能症、胆道蛔虫症、胆结石等病症，是提取莨菪烷类生物碱的重要植物资源。其地上部分在牲畜饲料中少量添加，有一定催肥作用。

毛曼陀罗

【**拉丁名**】*Datura inoxia*。

【**别名**】串筋花、软刺曼陀罗、毛花曼陀罗、凤茄花等。

【**科属**】茄科曼陀罗属一年生直立草本或半灌木状有毒植物。

【**形态特征**】株高 1 ～ 2 m，茎粗壮，密被白色腺毛和短柔毛，分枝灰绿色或微带紫色；叶互生或近于对生，叶片宽卵形，长 10 ～ 18 cm，宽 4 ～ 15 cm，先端尖，基部近圆，不对称，全缘微波状或疏具不规则缺齿，侧脉每边 7 ～ 10 条；花单生于枝杈间或叶腋，直立或斜升；花萼圆筒状而不具棱角，5 裂，裂片狭三角形；花冠长漏斗状，花白色或淡绿色，上部白色，下半部淡绿色，呈喇叭状，子房密被白色柔毛；蒴果俯垂，近球形或卵球形，全果密被细刺及白色柔毛，淡褐色，种子扁肾形，褐色；花期 6—7 月，果期 8—9 月。

【分布与生境】为我国特有植物，分布于辽宁、河北、河南、湖北、浙江、新疆等地。生长于海拔 200 ～ 500 m 的村边、路旁或山坡草丛。

【毒性部位】全草，果实特别是种子毒性最大，叶子枯萎后毒性减弱。

【毒性成分与危害】含莨菪碱、东莨菪碱、阿托品等多种生物碱。放牧牲畜误食或饥饿采食可引起急性中毒，中毒症状与曼陀罗相似。

【毒性级别】有毒。

【用途】叶和花入药，有镇痛、镇静、解痉、麻醉等功效。种子榨油可制肥皂或掺和油漆用。毛曼陀罗茎秆直立，开花时花姿优美、花朵洁白，具有较高观赏价值。

曼陀罗

【拉丁名】*Datura stramonium*。

【别名】醉心花、狗核桃、醉仙桃、疯茄儿、山茄子、凤茄花等。

【科属】茄科曼陀罗属多年生草本或半灌木状有毒植物。

【形态特征】株高 0.5 ～ 1.5 m，茎粗壮，圆柱状，淡绿色或带紫色，下部木质化；叶宽卵形，边缘有不规则波状浅裂，裂片顶端急尖，具波状牙齿，侧脉每边 3 ～ 5 条，直

达裂片顶端，叶柄长 3～5 cm；花单生于枝杈或叶腋，直立，有短梗；花萼筒状，筒部有 5 棱角，基部稍膨大，顶端紧围花冠筒，5 浅裂，裂片三角形；花冠漏斗状，下部绿色，上部白色或淡紫色；雄蕊不伸出花冠，子房密被柔针毛；蒴果直立生，卵状，表面具坚硬针刺或无刺而近平滑，成熟后淡黄色，规则 4 瓣裂；种子卵圆形，稍扁，黑色；花期 6—8 月，果期 9—11 月。

【分布与生境】分布于全国各地。生长于村边、路边、田间、沟旁、河岸或山坡草地。

【毒性部位】全草，种子毒性最大，叶子枯萎后毒性减弱。

【毒性成分与危害】含莨菪碱、东莨菪碱、阿托品、曼陀罗碱等多种生物碱。放牧牲畜误食或饥饿采食曼陀罗种子、果实、叶或花均可引起急性中毒，主要以副交感神经系统抑制和中枢神经系统兴奋为特征，表现为腺体分泌较少、口干、吞咽困难、瞳孔散大、抽搐、共济失调等症状，严重者因延髓麻痹导致呼吸衰竭而死亡。植株全草致死量为牛 150～300 g、马 150～200 g、绵羊 75～200 g。

【毒性级别】有毒。

【用途】叶、花及种子入药，有解痉镇痛、麻醉镇静、平喘止咳等功效，主治关节痛、风湿痹痛、胃痛、咳嗽、胃肠痉挛、神经性偏头痛、跌打损伤等病症。曼陀罗花朵大而美丽，可种植于花园或庭院中作为观赏植物美化环境。

天仙子

【拉丁名】*Hyoscyamus niger*。

【别名】莨菪子、山烟、牙痛子、牙痛草、黑莨菪、马铃草等。

【科属】茄科天仙子属一年生或二年生草本有毒植物。

【形态特征】根较粗壮，株高 30～70 cm，被黏性腺毛和柔毛；基生叶莲座状，丛生，茎生叶互生，近花序的叶常交叉互生，呈 2 列状；叶片卵状披针形或长圆形，先端尖，边缘具羽状深裂或浅裂，叶柄翼状，基部半抱根茎；花单生于叶腋，在茎顶端单生苞状叶腋组成蝎尾式总状密集花序；花萼管状钟形，花冠漏斗状，黄绿色，具紫色脉纹；雄蕊 5，不等长，花药深紫色，子房 2 室；蒴果藏于宿萼内，长卵球形，盖裂，种子近圆盘形，淡黄棕色；花期 6—7 月，果期 8—9 月。

【分布与生境】分布于东北、华北、西北、西南地区。生长于山坡、路旁、村庄、河岸沙地或荒坡砾石地。

【毒性部位】全草，根毒性较大。

【毒性成分与危害】含莨菪碱、东莨菪碱、阿托品等多种生物碱。天仙子新鲜时有特殊臭味，放牧牲畜一般不主动采食，多是由于混入饲料被误食或春季缺草时大量采食引起急性中毒。主要表现为口腔干燥、吞咽困难、皮肤和黏膜干燥潮红、心动过速、瞳孔散大、排尿困难，严重者出现狂躁、共济失调或反应迟钝、昏睡等抑制症状，终因呼吸衰竭死亡。

【毒性级别】有毒。

【用途】根、叶、花及种子均可入药，有解痉、止痛、安神、杀虫等功效，主治胃肠痉挛、腹痛、神经痛、咳喘、癫狂、震颤性麻痹等病症。天仙子茎叶繁茂，花朵铜铃状微微垂头，花期长，种植于公园、花坛或庭院，可作为观赏植物美化环境。

酸浆

【拉丁名】*Physalis alkekengi*。

【别名】泡泡草、红姑娘、挂金灯、灯笼草、锦灯笼、酸姑娘、灯笼果等。

【科属】茄科酸浆属多年生草本有毒植物。

【形态特征】株高 40 ～ 80 cm，基部常匍匐生根，略带木质，分枝稀疏或不分枝，茎节不甚膨大，被柔毛，尤其以幼嫩部分较密；叶长卵形至阔卵形，顶端渐尖，基部不对称狭楔形，全缘或波状或具粗牙齿，两面被柔毛，沿叶脉较密；花梗初直伸，后下弯，密被柔毛；花萼宽钟状，密被柔毛，萼齿三角形，边缘具硬毛；花冠辐射状，白色，裂片开展，顶端骤然狭窄成三角形尖头，外被短柔毛；浆果球状，橙红色，柔软多汁，种子肾形，淡黄色；花期 5—9 月，果期 6—10 月。

【分布与生境】分布于甘肃、陕西、河南、四川、贵州、云南等地。生长于山坡、林缘、林下、田野、路旁或住宅旁。

【毒性部位】全草，根毒性较大。

【毒性成分与危害】含莨菪碱、托品碱、伪托品碱等生物碱。新鲜时有特殊苦味，放牧牲畜一般不采食，秋季枯萎后可少量采食，自然中毒病例很少。

【毒性级别】小毒。

【用途】全草及果实入药，有清热、解毒、利尿、降压、强心等功效，主治热咳、咽痛、急性扁桃体炎、排尿不利、水肿等病症。成熟果实可供食用或制成沙拉、果酱；也可作为园林观赏植物栽培。

西藏泡囊草

【拉丁名】*Physochlaina praealta*。

【别名】坛萼泡囊草。

【科属】茄科泡囊草属多年生草本有毒植物。

【形态特征】株高 30～50 cm，根粗壮，圆柱形，肉质肥大；茎基部分枝丛生，被腺质短柔毛；叶互生，卵形或卵状椭圆形，顶端钝，基部楔形，全缘或微波状，叶脉被腺质短柔毛；花疏散生于圆锥式聚伞花序上，被鳞片状苞片，苞片叶状卵形，花梗密被腺质短柔毛；花萼短钟状，密被腺质短柔毛，裂片三角形，果时增大呈筒状钟形，下部贴伏于蒴果而稍膨胀，蒴果之上筒状，萼齿直立或稍张开；花冠钟状，黄色，具紫色脉纹，裂片宽而短，顶端弧圆；雄蕊伸出花冠，雌蕊花柱丝状；蒴果矩圆状，种子多

数，近肾形；花期6—7月，果期8—9月。

【分布与生境】分布于西藏中西部地区。生长于海拔4 200 ～ 4 300 m的山坡草地、砾石阶地或荒漠戈壁。

【毒性部位】全草，根毒性大。

【毒性成分与危害】含莨菪碱、东莨菪碱、山莨菪碱、红古豆碱等生物碱。冬春季节可食牧草缺乏时，放牧牲畜被迫采食引起急性中毒，主要以副交感神经系统抑制和中枢神经系统兴奋为特征。小鼠急性毒性试验表明，西藏泡囊草根氯仿提取物腹腔注射250 mg/kg出现肌张力增加、活动减少、步态不稳；腹腔注射500 mg/kg出现阵发性痉挛，终因呼吸抑制而死亡。

【毒性级别】有毒。

【用途】根入药，有麻醉镇痛、解痉消肿等功效，主治急慢性胃肠炎、胃肠疼痛、胆结石等病症。

马尿泡

【拉丁名】*Przewalskia tangutica*。

【别名】唐古特马尿泡、羊尿泡，藏语唐冲嘎保等。

【科属】茄科马尿泡属多年生草本有毒植物。

【形态特征】根粗壮，肉质，根茎短缩，被腺毛，具多数休眠芽；叶生于茎下部者鳞片状，常埋于地下，生于茎顶端者

密集，长椭圆状卵形至长椭圆状倒卵形，顶端圆钝，基部渐狭，边缘全缘或具微波状，被短缘毛；总花梗腋生，具花 1 ～ 3 朵，花梗被短腺毛；花萼筒状钟形，外面密被短腺毛，萼齿圆钝，被腺质缘毛；花冠檐部黄色，筒部紫色，筒状漏斗形，外面被短腺毛，檐部 5 浅裂，裂片卵形；雄蕊着生于花冠喉部，花丝极短，花柱伸出花冠，柱头膨大，紫色；蒴果球状，果萼椭圆状或卵状，革质，网纹凸起，顶端平截，不闭合，种子黑褐色；花期 6—7 月，果期 8—9 月。

【分布与生境】为我国西部高原特有植物，分布于西藏、青海、四川、甘肃。生长于海拔 3 200 ～ 5 000 m 的高山砂砾地、干旱草原、高寒草甸或荒漠戈壁。

【毒性部位】全草，根毒性最大。

【毒性成分与危害】含莨菪碱、东莨菪碱、山莨菪碱等生物碱。放牧牲畜冬春季节可食牧草缺乏时，常因饥饿过量采食引起急性中毒。小鼠急性毒性试验表明，马尿泡根氯仿和乙醇提取物腹腔注射 1 000 mg/kg，出现活动减少，翻正反射消失或死亡。

【毒性级别】有毒。

【用途】根入药，有镇痛、解痉、消肿等功效，主治胃痛、胆囊绞痛、急慢性胃肠炎、胃肠痉挛、咽喉肿痛、腮腺炎、扁桃体炎等病症。

龙葵

【拉丁名】*Solanum nigrum*。

【别名】龙葵草、天茄子、黑天天、苦葵、野辣椒、黑茄子、野葡萄等。

【科属】茄科茄属一年生草本有毒植物。

【形态特征】株高 25 ～ 100 cm，茎直立，具棱角或不明显，近无毛或被微柔毛；叶互生，叶片卵形，先端钝，基部楔形或宽楔形，全缘或具不规则波状粗锯齿，两面无毛或疏被短柔毛；蝎尾状聚伞花序腋外生，由 3 ～ 10 朵花组成；花萼浅杯状，萼齿近三角形，花冠白色，裂片卵圆形；雄蕊 5，着生于花冠筒口，花丝分离，花药黄色；雌蕊 1，球形，子房 2 室；浆果球形，成熟时黑色，种子多数，扁圆形；花期 5—7 月，果期 8—10 月。

【分布与生境】分布于全国各地。生长于田边、路旁、荒地或村庄附近。

【毒性部位】全草，未成熟浆果毒性较大。

【毒性成分与危害】含龙葵碱、澳洲茄碱、边茄碱等生物碱，主要毒性成分为龙葵碱。龙葵碱又名茄碱、龙葵毒素，主要毒性表现为对胃肠道黏膜刺激作用和中枢神经系统抑制作用，以及引起红细胞溶血等。对人和放牧牲畜均有毒性，人误食未成熟浆果中毒后引起急性中毒，主要表现为口干、呕吐、瞳孔散大、腹痛、腹泻、先兴奋后抑制等症状，严重者可致死；放牧牲畜一般不采食，误食后也可引起中毒，表现为口干、呕吐、腹泻、呼吸困难、溶血，严重时因呼吸麻痹和溶血而窒息死亡。

【毒性级别】有毒。

【用途】全草入药，有清热解毒、活血散瘀、利水消肿、止咳祛痰等功效，主治痈肿、跌打扭伤、慢性气管炎、急性肾炎、前列腺炎、痢疾等病症。龙葵果实未成熟时不能食用，果实成熟后呈现紫黑色，口感酸甜，可以少量食用。

刺萼龙葵

【拉丁名】*Solanum rostratum*。

【别名】黄花刺茄、堪萨斯蓟、尖嘴茄等。

【科属】茄科茄属一年生草本有毒有害植物。

【形态特征】主根发达，多须根；茎直立，高 30 ～ 70 cm，基部木质化，密被黄色刺、具柄星状毛；叶互生，密被刺及星状毛，叶片卵形或椭圆形，具不规则羽状深裂及部分裂片又羽状半裂；裂片椭圆形或近圆形，先端钝，表面和背面疏被分叉星状毛，两面脉疏具刺；蝎尾状聚伞花序腋外生，具花 3 ～ 10 朵，花轴伸长变成总状花序；花萼筒钟状，密被刺及星状毛，萼片 5，线状披针形，密被星状毛；花冠黄色，辐射状，瓣间膜伸展，花瓣外面密被星状毛；浆果球形，被刺及星状毛硬萼包被，萼裂片直立靠拢呈鸟喙状，果皮薄，与萼合生；萼顶端开裂，种子散出，多数，黑色，具网状凹；花期 6—8 月，果期 8—10 月。

【分布与生境】原产于北美洲，现已扩散到亚洲、欧洲、非洲及大洋洲近 20 个国家和地区，被多国列为检疫性有害生物或入侵植物。1981 年在我国辽宁朝阳首次发现，随后相继在吉林、河北、山西、内蒙古、新疆等地发现，

是我国首批公布的 16 种危害严重的外来入侵杂草。生长于农田、果园、荒地、村落或草原。

【**毒性部位**】毛刺。

【**毒性成分与危害**】含茄碱，有神经毒性，对中枢神经系统尤其是呼吸中枢有麻醉作用。放牧牲畜误食引起急性中毒，表现为流涎、呼吸困难、运动失调，重者引发肠炎和出血。人畜接触毛刺引起皮肤红肿、瘙痒、疼痛难忍。毛刺扎进牲畜皮毛和黏膜，降低毛皮产量及质量。刺萼龙葵属检疫性有毒有害生物，传播速度快、发生范围广、危害性大，其扩散和定殖对我国生态环境和粮食安全构成威胁。

【**毒性级别**】有毒。

【**用途**】刺萼龙葵所含甲基薯蓣皂苷，对人类宫颈癌 Hele 细胞有细胞毒性作用。此外，在墨西哥中南部的印第安群落，被当地土著人用来治疗胃肠病、心血管疾病和肾病。

第 **7** 章

壳斗科常见毒害草

麻栎

【拉丁名】*Quercus acutissima*。

【别名】扁果麻栎、北方麻栎、青冈、橡椀树等。

【科属】壳斗科栎属落叶乔木有毒植物。

【形态特征】株高可达 30 m，胸径达 1 m，树皮深灰褐色，深纵裂；幼枝被灰黄色柔毛，后渐脱落，老时灰黄色，具淡黄色皮孔；叶片长椭圆状披针形，先端长渐尖，基部近圆形或宽楔形，叶缘具刺芒状锯齿，侧脉每边 13～18 条；叶柄长 1～3 cm，幼时被柔毛，后渐脱落；雄花序常数个集生于当年生枝下部叶腋，具花 1～3 朵，花柱 30，壳斗杯形；小苞片钻形或扁条形，向外反曲，被灰白色茸毛；坚果卵形或椭圆形，顶端圆形，果脐突起；花期 3—4 月，果期 9—10 月。

【分布与生境】分布于辽宁、河南、山西、陕西、甘肃以南，东至福建，西至四川西部，南至海南、广西、云南等地，以黄河中下游和长江流域较多。生长于海拔 60～2 200 m 的山地阳坡，成小片纯林或混交林。

【毒性部位】幼芽、幼嫩枝叶和果实。

【毒性成分与危害】含栎单宁，是一种高分子酚类化合物，属于水解单宁，在胃肠道经生物降解可产生毒性更大的低分子酚类化合物，吸收后对肝肾等实质器官发挥毒性作用。主要危害有放牧条件的黄牛、肉牛、奶牛、绵羊和山羊。在早春放牧时，由于麻栎发芽早，适口性好，牲畜大量采食幼嫩枝叶 8～10 d 后即可引起中毒，主要表现为消化功能紊乱和肾病。

【毒性级别】有毒。

【用途】种子含淀粉和脂肪油，可酿酒，或脱毒后作饲料。树皮含鞣质，可提取栲胶。全木截段可种植香菇和木耳。果实入药，有收敛止泻、解毒消肿功效。树皮及叶煎汁治疗急性细菌性痢疾、乳腺炎等。

槲栎

【拉丁名】*Quercus aliena*。

【别名】槲皮树、大叶栎树、白栎树、板栎树、青冈树等。

【科属】壳斗科栎属落叶乔木有毒植物。

【形态特征】株高达 30 m，树皮暗灰色，深纵裂，老枝暗紫色，具灰白色突起皮孔；小枝灰褐色，近无毛，具圆形淡褐色皮孔；芽卵形，芽鳞具缘毛；叶长椭圆状倒卵形至倒卵形，先端微钝或短渐尖，基部楔形或圆形，叶缘具波状钝齿，侧脉每边 10 ～ 15 条，叶面中脉侧脉不凹陷，叶柄无毛；雄花序长 4 ～ 8 cm，单生或数朵簇生于花序轴，微有毛，花被 6 裂，雄蕊 10；雌花序着生于新枝叶腋，单生或簇生，壳斗杯形，包着坚果约 1/2；小苞片卵状披针形，排列紧密，被灰白色短柔毛；坚果椭圆形至卵形，果脐微突起；花期 4—5 月，果期 9—10 月。

【分布与生境】分布于陕西、山东、河南、安徽、湖北、江西、湖南、广西、四川、贵州、云南等地。生长于海拔 100 ～ 2 400 m 的向阳山坡或荒地，常与其他树种组成混交林或小片纯林。

【毒性部位】幼芽、花蕾、幼嫩枝叶和果实。

【**毒性成分与危害**】含栎单宁。牛、马和羊等放牧牲畜长期大量采食其幼嫩枝叶或果实均可引起中毒。病牛出现消化机能障碍，体躯下垂部位发生局限性皮下水肿以及体腔积液，被称为"水肿病"。毒性作用与其他栎属植物相似。

【**毒性级别**】有毒。

【**用途**】材质坚硬，耐腐蚀，纹理致密，可供建筑及家具用材。果实富含淀粉，经脱毒处理后可酿酒，也可制作凉皮、粉条、豆腐及酱油等。叶形奇特，叶片大且肥厚，可作为观叶树种栽培。

槲树

【**拉丁名**】*Quercus dentata*。

【**别名**】柞栎、橡树、青岗、波罗栎、大叶波罗等。

【**科属**】壳斗科栎属落叶乔木有毒植物。

【**形态特征**】株高达 25 m，树皮暗灰褐色，深纵裂，小枝粗壮，具沟槽，密被黄灰色星状茸毛；大型叶片

倒卵形，长 10 ~ 30 cm，宽 6 ~ 20 cm，先端钝圆或钝尖，基部耳形，叶缘有 4 ~ 10 对波状缺裂，幼叶被毛，侧脉 4 ~ 10 对，叶柄极短，密被棕色茸毛；雄花序着生于新枝叶腋，花序轴密被淡褐色茸毛，花数朵簇生于花序轴上，雄蕊 8 ~ 10；雌花序着生于新枝上部叶腋；壳斗杯形，包围坚果约 1/2，苞片狭披针形，棕红色，反卷，坚果卵形至椭圆形；花期 4—5 月，果期 9—

10 月。

【**分布与生境**】分布于黑龙江至华北、华中、西北、西南地区。生长于海拔 100 ～ 2 700 m 的向阳山坡杂木林或松林。

【**毒性部位**】幼芽、幼嫩枝叶和果实。

【**毒性成分与危害**】含栎单宁。主要危害牛和羊等放牧牲畜。大量采食幼嫩枝叶引起的中毒称栎树叶中毒，主要发生在春季；果实引起的中毒称橡子中毒，主要发生在秋季。栎属植物中毒病发生有明显的地区性特点，常发生在栎属植物生长的林区，特别是次生或再生栎林区，我国的栎林带是从东北吉林延边到西南贵州毕节，呈斜线分布。中毒表现与其他栎属植物相似。

【**毒性级别**】有毒。

【**用途**】材质坚硬，深褐色，耐磨损，易翘裂，可供坑木或地板等用材。树干挺直，叶片宽大，树冠广展，可作为园林绿化树种。树皮及种子入药，有收敛、止泻功效。壳斗及树皮可提取栲胶。果实可酿酒或作饲料。叶可饲柞蚕，或制作槲皮粽子清香可口。

白栎

【**拉丁名**】*Quercus fabri*。

【**别名**】栗子树、白紫蒲树、橡子等。

【**科属**】壳斗科栎属落叶乔木或灌木状有毒植物。

【**形态特征**】株高达 20 m，树皮灰褐色，深纵裂，小枝密被灰色至灰褐色茸毛；叶倒卵形或倒卵状椭圆形，先端短钝尖，基部窄楔形

或窄圆形，缘具波状锯齿或粗钝锯齿，幼叶两面被毛，老叶上面近无毛，下面被灰黄色星状毛，网脉明显，侧脉 8 ～ 12 对；叶柄短，被褐黄色茸毛；雄花花序轴被茸毛，雌花序具花 2 ～ 4 朵；壳斗杯状，包着坚果约 1/3，苞片卵状披针形，排列紧密；坚果长椭圆形或卵状长椭圆形，无毛，果脐突起；花期 4—6 月，果期 8—10 月。

【**分布与生境**】分布于长江流域以南至华南、西南各地。生长于海拔 600 ～ 1 900 m 的丘陵或山地杂木林。

【**毒性部位**】幼芽、嫩枝及果实。

【**毒性成分与危害**】含栎单宁。牛，羊，马等放牧牲畜长期大量采食后常引起中毒，主要导致消化道损害和泌尿机能紊乱，并继发局部皮下水肿。牛中毒后主要症状为食欲减退或废绝、反刍减少、瘤胃蠕动减弱或停止、腹痛、排串珠状粪便、尿频至无尿，后期出现皮下水肿和体腔积水。

【**毒性级别**】有毒。

【**用途**】白栎是我国优良的经济或生态林兼用型树种，木材坚硬，花纹美观，耐磨耐腐，可供家具或装修用材。果实可制作白栎淀粉，可供食用或作饲料。栎木可培养香菇、木耳等，嫩叶可饲养柞蚕。树皮及总苞含单宁可提取栲胶。

蒙古栎

【**拉丁名**】*Quercus mongolica*。

【**别名**】蒙栎、柞栎、柞树、辽东栎、粗齿蒙古栎等。

【**科属**】壳斗科栎属落叶乔木有毒植物。

【**形态特征**】株高达 30 m；树冠卵圆形，树皮灰褐色，深纵裂；幼枝紫褐色，具棱，无毛；叶常集生枝顶端，倒卵形或倒卵状长椭圆形，先端短钝尖或短凸尖，基部窄圆形或近耳形，叶缘具深波状缺刻，具 7～10 对圆钝齿或粗齿，幼时沿叶脉被毛，后渐脱落，仅背面脉上被毛，侧脉 8～15 对；叶柄短，疏被

茸毛；花单性同株，雄花序着生于新枝下部，花序轴近无毛，花被 6～8 裂，雄蕊 8～10；雌花序着生于新枝上端叶腋，具花 4～5 朵，花被 6 裂，花柱短，柱头 3 裂；壳斗杯形，包 1/2～1/3 果，壁厚，苞鳞三角状卵形，背部呈半球形瘤状突起，密被灰白色短茸毛；坚果单生，卵形或长卵形，无毛，果脐微突起；花期 4—5 月，果期 9—10 月。

【**分布与生境**】分布于东北、华北、西北地区，以东北三省分布最多，是天然林中的优势树种。生长于海拔 200～2 500 m 的阳坡或半阳坡山地，成小片纯林或混交林。

【**毒性部位**】幼芽、嫩枝及果实。

【**毒性成分与危害**】含栎单宁。每年春季放牧时，蒙古栎等栎属植物和其他植物相比，通常发芽早，其幼嫩枝叶适口性好，牲畜大量采食后可引起中毒，主要危害牛、羊等食草动物。中毒后主要表现为前胃弛缓、便秘或下痢、胃肠炎、皮下水肿、体腔积水及血尿、蛋白尿、管型尿等肾病综合征。秋季大量采食经脱毒处理的果实也可引起中毒。

【**毒性级别**】有毒。

【**用途**】蒙古栎是北方防风林、水源涵养林及防火林的优良树种，材质坚硬，耐腐力强，可供车船、建筑或坑木等用材。嫩叶可饲养柞蚕。果实富含淀粉可酿酒或作饲料。树皮入药，有收敛止泻等功效，可治疗痢疾。

枹栎

【拉丁名】*Quercus serrata*。

【别名】短柄枹栎、绒毛枹、短柄栎等。

【科属】壳斗科栎属落叶乔木有毒植物。

【形态特征】株高 15 ～ 20 m，树皮灰褐色，深纵裂；幼枝被黄色茸毛，不久即脱落无毛；单叶互生，集生于小枝顶端，薄革质，长椭圆状披针形或披针形，顶端渐尖或急尖，基部楔形或近圆形，边缘具粗锯齿，齿端微内弯，较短窄；叶柄较短或近无柄；雄花序花轴密被白色毛，雄蕊 8；壳斗杯状，包着坚果，小苞片长三角形鳞片状，紧贴，边缘被柔毛，坚果卵圆形或宽卵圆形，果脐平坦；花期 4—5 月，果期 9—10 月。

【分布与生境】分布于辽宁、山西、陕西、甘肃、山东、江苏、安徽、河南、湖北、湖南、广东、广西、四川、贵州、云南等地。生长于海拔 200 ～ 2 000 m 的山地或沟谷林。

【毒性部位】幼芽、嫩枝及果实。

【毒性成分与危害】含栎单宁。牛、羊、马等牲畜春季放牧时，常因贪青大量采食幼嫩枝叶后引起中毒，主要导致消化道损害和泌尿机能紊乱，并继发局部皮下水肿。中毒表现与其他栎属植物相似。

【毒性级别】有毒。

【用途】木材坚硬，可供建筑或家具用材。果实富含淀粉，可作为酿酒原料或制作橡子凉粉。树皮可提取栲胶。叶可饲养柞蚕。

栓皮栎

【拉丁名】*Quercus variabilis*。

【别名】青杠碗、软木栎、粗皮栎、白麻栎、粗皮青冈等。

【科属】壳斗科栎属落叶乔木有毒植物。

【形态特征】株高达 30 m，胸径 1 m

以上，皮黑褐色，深纵裂，木栓层发达；小枝灰棕色，无毛；芽圆锥形，芽鳞褐色，具缘毛；叶卵状披针形或长椭圆形，顶端渐尖，基部圆形或宽楔形，叶缘具刺芒状锯齿，叶背面密被灰白色星状茸毛，侧脉每边 13 ～ 18 条，直达齿端，叶柄无毛；雄花序长达 14 cm，花序轴密被褐色茸毛，花被 4 ～ 6 裂，雄蕊 10 或更多；雌花序着生于新枝上端叶腋，花柱 30；壳斗杯形，包着坚果 2/3，苞片钻形，反曲，被短毛；坚果近球形或宽卵形，顶端圆，果脐突起；花期 4—5 月，果期 9—10 月。

【分布与生境】分布于东北、华北、华中、华南、西南地区。生长于海拔 600 ～ 3 000 m 的向阳山坡，常与油松、锐齿栎、白栎等混生成林。

【毒性部位】幼芽、嫩枝及果实。

【毒性成分与危害】含栎单宁。主要危害黄牛、肉牛、绵羊及山羊等放牧牲畜，中毒表现与其他栎属植物相似。

【毒性级别】有毒。

【用途】栓皮栎是防风林、水源涵养林及防护林的优良树种，材质坚硬，褐色，纹理斜，花纹美丽，可供建筑、枕木或家具等用材。树干可培养香菇和木耳。果实富含淀粉可酿酒或作饲料。壳斗含单宁可提取烤胶。

第 **8** 章

罂粟科常见毒害草

白屈菜

【拉丁名】*Chelidonium majus*。

【别名】山黄连、地黄连、土黄连、牛金花、雄黄草等。

【科属】罂粟科白屈菜属多年生草本有毒植物。

【形态特征】株高 30 ～ 60 cm，蓝灰色，具橘黄色汁液；根茎褐色，直立，多分枝，被白粉，被白色短柔毛；基生叶倒卵状长圆形或宽倒卵形，羽状全裂，裂片 2 ～ 4 对，倒卵状长圆形，具不规则深裂或浅裂，裂片具圆齿，上面无毛，下面被白粉，疏被短柔毛；茎生叶互生，具短柄；聚伞花序，花多数，花序腋生，具苞片；萼片 2，椭圆形，疏被柔毛；花瓣 4枚，卵圆形或长圆状倒卵形，黄色；雄蕊多数，花丝丝状；蒴果狭圆柱形，近念珠状，灰绿色；种子卵球形，多数，褐色，具光泽及蜂窝状小网格；花期 5—7 月，果期 7—9 月。

【分布与生境】分布于东北、华北、西北及江苏、江西、四川等地。生长于海拔 500 ～ 2 200 m 的山谷湿地、山坡石缝、林缘草丛、路旁或水沟边。

【毒性部位】全草，花期毒性最大。

【毒性成分与危害】含白屈菜碱、血根碱及原阿片碱等多种生物碱，主要有毒成分是白屈菜碱。对各种放牧牲畜均有毒性。新鲜白屈菜适口性好，牲畜喜欢采食，但其汁液中含多种生物碱，味苦辣，对皮肤黏膜有较强的刺激性，触及口唇使之肿大，咽下则引起呕吐、腹痛、痉挛、昏睡，如果采食量过大可引起死亡。

【毒性级别】有毒。

【用途】全草入药，有清热解毒、止咳平喘、镇痛抗炎等功效，主治胃痛、肠炎、慢性气管炎、腹水、黄疸等病症，外用可治疥癣疮肿或蛇虫咬伤。现代药理研究发现，白屈菜具有抗肿瘤、抗病毒、抑制肝纤维化、保护心肌等作用。

紫堇

【拉丁名】*Corydalis edulis*。

【别名】野花生、蝎子花、麦黄草、蜈蚣花、闷头花、山黄连等。

【科属】罂粟科紫堇属一年生草本有毒植物。

【形态特征】株高 10 ～ 30 cm，具主根，细长，无毛；茎分枝，花枝常与叶对生；基生叶，具长柄，叶片轮廓卵形至三角形，二至三回羽状全裂，一回裂片 5 ～ 7 枚，具短柄，二回或三回裂片轮廓倒卵形，近无柄，末回裂片狭卵形，先端钝，下面灰绿色；总状花序顶生或与叶对生，疏具花 5 ～ 8 朵，苞片狭卵形至披针形，先端尖，全缘或疏具小齿；萼片小，膜

质，近圆形，具齿；花冠粉红色或紫
红色，平展，外花瓣较宽展，顶端微
凹，无鸡冠状突起，内花瓣具鸡冠状
突起；柱头横纺锤形，两端各具乳
突，上面具沟槽；蒴果线形，具轻微
肿节；种子扁球形，黑色，具光泽，
密生环状小凹点；花期 3—4 月，果
期 4—5 月。

【分布与生境】分布于长江中下
游、西北地区和青藏高原。生长于海
拔 400～1 200 m 的丘陵、沟边、多
石地或林缘。

【毒性部位】全草。

【毒性成分与危害】含紫堇碱、黄
连碱、原阿片碱及血根碱等生物碱。对各种动物均有毒性。紫堇新鲜时适口
性好，放牧牲畜采食或误食后可引起急性中毒，主要表现为呕吐、腹泻、嗜
睡、脉搏迟缓、呼吸急促、昏迷、心脏麻痹等症状。

【毒性级别】有毒。

【用途】全草入药，有清热解毒、杀虫止痒、收敛固精等功效，主治疮疡
肿毒、咽喉疼痛、顽癣、秃疮、毒蛇咬伤等病症。紫堇是良好的耐阴观赏花
卉及水土保持植物。

刻叶紫堇

【拉丁名】*Corydalis incisa*。

【别名】地锦苗、断肠草、羊不吃、紫花鱼灯草、烫伤草等。

【科属】罂粟科紫堇属草本有毒植物。

【形态特征】株高达 60 cm，根茎短，肥厚，椭圆形，密生须根；茎直立，分枝，柔软多汁，具纵棱；叶互生，三出二回羽状分裂，裂片长圆形，又作羽状深裂，小裂片顶端具缺刻状齿；总状花序长 3 ～ 10 cm，多花，先密集，后疏离；苞片菱形或楔形，具缺刻状齿，小裂片狭披针形或钻形，锐尖；花瓣紫红色或紫色，顶端深紫色，渐变为淡蓝色至苍白色，上花瓣末

端钝，向下弯曲，下花瓣稍呈囊状；蒴果椭圆状线形，种子近圆形，黑色，具光泽；花期 4—5 月，果期 5—6 月。

【分布与生境】分布于河北、山西、河南、陕西、甘肃、四川、湖北、安徽、江西、福建等地。生长于海拔 1 800 m 以下的丘陵、山坡路边、林缘沟边或疏林。

【毒性部位】全草。

【毒性成分与危害】含紫堇醇灵碱、白屈菜碱、黄连碱及原阿片碱等生物碱。对各种动物均有毒性，中毒表现同紫堇。

【毒性级别】有毒。

【用途】全草入药，有解毒杀虫功效，主治疮癣、蛇咬伤等病症。

秃疮花

【拉丁名】*Dicranostigma leptopodum*。

【别名】秃子花、勒马回、兔子花。

【科属】罂粟科秃疮花属多年生草本有毒植物。

【形态特征】株高 25 ~ 80 cm，具淡黄色液汁，被短柔毛；茎多条，被白粉；基生叶丛生，窄倒披针形，羽状深裂，裂片 4 ~ 6 对，再次羽状深裂或浅裂，顶端小裂片 3 浅裂；茎生叶少数，羽状深裂、浅裂或二回羽状深裂，裂片具疏齿；聚伞花序顶生，具花 1 ~ 5 朵，具苞片，萼片卵形，先端渐尖，稀被短柔毛；花瓣倒卵形至圆形，黄色；雄蕊多数，子房狭圆柱形，密被疣状短毛，花柱短；蒴果线形，顶端至近基部 2 瓣裂，种子卵球形，红棕色，具网纹；花期3—5 月，果期 6—7 月。

【分布与生境】分布于河南、山西、陕西、青海、四川、云南、西藏、甘肃等地。生长于海拔 400 ~ 3 700 m 的丘陵草坡、田埂、路边或干旱草地。

【毒性部位】全草。

【毒性成分与危害】含异紫堇碱、紫堇碱及原阿片碱等异喹啉类生物碱。对各种动物均有毒性。小鼠急性毒性试验表明，异紫堇碱腹腔注射 LD_{50} 为 52 mg/kg，静脉注射

LD$_{50}$为 49 mg/kg，确证秃疮花的毒性是由生物碱所致。新鲜秃疮花味苦，一般情况下，放牧牲畜不采食，秋季枯萎后毒性减弱，牲畜可少量采食，但如果大量采食可引起中毒。

【毒性级别】有毒。

【用途】全草及根入药，有清热解毒、消肿止痛、杀虫等功效，主治扁桃体炎、牙痛、咽喉痛、淋巴结核等病症，外用治皮肤癣、痈疽。现代药理活性研究表明，秃疮花具有镇痛、减慢心率、松弛平滑肌降低张力、活化巨噬细胞提高吞噬能力等作用。

博落回

【拉丁名】*Macleaya cordata*。

【别名】勃逻回、勃勒回、菠萝筒、号筒杆、号筒管等。

【科属】罂粟科博落回属多年生草本有毒植物。

【形态特征】根茎粗大，橙红色，株高 1～4 m，直立，基部木质化，具乳黄色汁液；茎绿色或红紫色，中空，上部分枝，无毛；单叶互生，叶片宽卵形或近圆形，先端急尖、钝或圆，7 深裂或浅裂，裂片半圆形、三角形或方形，边缘波状或具粗齿，表面绿色，无毛，下面被易落的细茸毛，被白粉；圆锥花序多花，顶生或腋生，苞片狭披针形，萼片狭倒卵状长圆形，黄白色，花瓣无；雄蕊 24～30，花丝丝状，花药条形，与花丝等长；子房倒卵形或倒披针形；蒴果倒卵形或倒披针形，扁平，种子多数，卵球形，种皮蜂窝状，具鸡冠状突

起；花期6—8月，果期7—10月。

【分布与生境】分布于长江流域、南岭以北和秦岭的大部分地区，西南至贵州，西北达甘肃。生长于海拔150～2 000 m的丘陵、山坡、河边、灌丛或路旁草丛等。

【毒性部位】全草，尤以根和果实毒性大。

【毒性成分与危害】含血根碱、白屈菜红碱、隐品碱及别隐品碱等多种生物碱，主要引起急性心源性脑缺血综合征，对各种放牧牲畜均有毒性。动物试验证明，兔耳静脉注射博落回注射液可引起心电图T波倒置、多发性室性期前收缩和短暂的阵发性心动过速。新鲜博落回茎秆及叶片分泌棕黄色汁液，味苦，放牧牲畜一般不采食。人博落回中毒主要引起急性心源性脑缺血症。

【毒性级别】大毒。

【用途】全草入药，有消肿、解毒、杀虫等功效，主治脓肿、扁桃体炎、中耳炎、阴道炎、肺炎、皮肤病、肝炎等病症。博落回注射液广泛应用于兽医临床，对大肠埃希菌、沙门菌、巴氏杆菌、链球菌、冠状病毒、流行性腹泻病毒及流感病毒等均有很强抑杀作用，用于动物细菌性腹泻、病毒性腹泻及仔猪黄白痢的治疗。也可作为天然植物源性农药开发利用。

小果博落回

【拉丁名】*Macleaya microcarpa*。

【别名】泡桐杆、黄婆娘、野麻子、吹火筒、野狐杆等。

【科属】罂粟科博落回属多年生草本有毒植物。

【形态特征】株高 1 ～ 2 m，基部木质化，具乳黄色汁液，被白粉；茎圆柱形，中空，绿色，有时带红紫色，有放射状裂隙和年轮环数圈；单叶互生，叶片宽卵形或近圆形，通常 5 ～ 7 或 9 浅裂，裂片半圆形或扇形，具不规则波状齿，表面绿色，光滑，背面被白粉，被茸毛；叶柄基部膨大而抱茎；圆锥花序多花，顶生或腋生，花芽圆柱形，萼片狭长圆形；雄蕊多数，花丝细而扁，子房倒卵形，扁平，花柱短，柱头 2 裂；蒴果下垂，近圆形，扁平，红色，表面被白粉，种子多数，卵珠形，褐色，具光泽；花期 6—7 月，果期 8—10 月。

【分布与生境】分布于甘肃、陕西、河南、湖北、四川、安徽、湖南、贵州、江西、云南等地。生长于海拔 450 ～ 2 000 m 的低山河边、路旁、草地或灌丛。

【毒性部位】全草。

【毒性成分与危害】含血根碱、白屈菜红碱、原阿片碱及别隐品碱等多种生物碱。对各种放牧牲畜均有毒性。新鲜小果博落回茎秆及叶片分泌棕黄色汁液，味极苦，牲畜一般不采食，自然中毒病例很少见。

【毒性级别】大毒。

【用途】全草入药，有杀虫、祛风解毒、散瘀消肿等功效，主治风湿关节

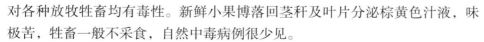

痛、跌打损伤、痈疖肿毒、蜂螫等病症。现代药理研究表明，小果博落回和同属植物博落回所含生物碱具有抗菌消炎和促进生长作用，可作为天然的植物源性添加剂在鸡和猪等饲料中应用，替代化学性抗生素。

多刺绿绒蒿

【拉丁名】*Meconopsis horridula*。

【别名】喜马拉雅蓝罂粟，藏语乌巴拉色尔布。

【科属】罂粟科绿绒蒿属一年生草本有毒有害植物。

【形态特征】主根肥厚，圆柱形，株高达 1 m，全身具黄褐色或淡黄色坚硬而平展刺，刺长 0.5 ～ 1 cm；叶基生，叶片披针形，先端钝或急尖，基部渐狭而入叶柄，全缘或波状，两面具黄褐色或淡黄色尖刺；花葶 5 ～ 12 或更多，绿色或蓝灰色，密具

黄褐色平展刺，有时花葶基部合生；花单生于花葶，半下垂，花芽近球形，萼片具刺；花瓣5～8，宽倒卵形，蓝紫色，花丝丝状，颜色比花瓣深，花药长圆形，稍旋扭；子房圆锥状，具黄褐色平伸或斜展刺，柱头圆锥状；蒴果倒卵形或椭圆形，具铁锈色或黄褐色、平展或反曲刺，瓣自顶端开裂；种子肾形，种皮具窗格状网纹；花期6—7月，果期8—9月。

【分布与生境】分布于西藏、青海、甘肃、四川、云南等地，尤其是青藏高原地区。生长于海拔3 600～5 100 m的高寒草甸、山坡草地、山坡砾石地或石缝隙。

【毒性部位】全草。

【毒性成分与危害】含别隐品碱、原鸦片碱及罂粟红碱等生物碱。对各种放牧牲畜均有毒性，如果过量采食或误食可引起中毒，主要表现为心脏麻痹、呕吐、昏迷等中毒症状。此外，多刺绿绒蒿植株全身具坚硬尖刺，可造成放牧牲畜机械性损伤。

【毒性级别】小毒。

【用途】全草入藏药，有活血化瘀、清热解毒、镇痛等功效，主治跌打损伤、关节肿痛、胸背疼痛、风热头痛等病症。多刺绿绒蒿生长在高海拔高山草甸，花期绽开蓝紫色至紫红色的艳丽花朵，是世界高山花卉中的臻品，具有极高观赏价值。

野罂粟

【拉丁名】*Papaver nudicaule*。

【别名】山罂粟、山大烟、冰岛罂粟、山米壳等。

【科属】罂粟科罂粟属多年生草本有毒植物。

【形态特征】株高 20 ～ 60 cm，全株被糙毛；根茎粗短，常不分枝或 2 ～ 10 分枝，密盖覆瓦状排列的残枯叶鞘；叶基生，叶片卵形至宽卵形，羽状浅裂、深裂或全裂，裂片 2 ～ 4 对，小裂片卵形、披针形或长圆形；花葶 1 至数枚，被刚毛，花单生花葶顶端，花芽密被褐色刚毛；萼片 2，舟状宽卵形，花瓣 4，宽倒卵形，淡黄绿色或淡黄色；子房长圆形，密被糙毛，柱头 4 ～ 8，辐射状；蒴果倒卵形，密被糙毛；柱头盘状，具缺刻状圆齿，种子近肾形，褐色；花期 5—7 月，果期 8—9 月。

【分布与生境】分布于东北、华北、西北、西南地区。生长于海拔 1 800 ～ 3 500 m 的山坡沟边草地、岩石坡地、砾石地或高山林缘草地。

【毒性部位】全草，花果毒性较大。

【毒性成分与危害】含野罂粟碱等生物碱。放牧牲畜过量采食或误食可引起中毒，主要表现为心脏麻痹、呕吐、昏迷等中毒症状。

【毒性级别】有毒。

【用途】全草及未成熟的果实入药，有涩肠止泻、敛肺止咳、镇痛、清热利水等功效，主治咳喘、泄泻、痢疾、头痛、胃痛、痛经等病症。野罂粟花色艳丽，也可作为园林观赏花卉利用。

第 9 章

龙胆科常见毒害草

粗茎秦艽

【拉丁名】*Gentiana crassicaulis*。

【别名】粗茎龙胆、牛尾秦艽、萝卜秦艽等。

【科属】龙胆科龙胆属多年生草本有毒植物。

【形态特征】株高 30 ～ 40 cm，全株光滑，基部被枯存纤维状叶鞘包裹；须根多条，扭结或结成 1 个粗根；枝少数丛生，粗壮，斜升，黄绿色或带紫红色，近圆形；莲座丛叶，卵状椭圆形或狭椭圆形；花多数，无花梗，在茎顶端簇生呈头状，稀腋生呈轮状；花萼筒膜质，一侧开裂呈佛焰苞状，先端截形或圆形；蒴果内藏，无柄，椭圆形；种子红褐色，矩圆形，具光泽，表面具细网纹；花期 6—8 月，果期 9—10 月。

【分布与生境】分布于云南、四川、贵州西北部、甘肃南部、青海东南部、西藏东南部等地。生长于海拔 2 100 ～ 4 500 m 的山坡草地、高山草甸、林缘或灌丛。

【毒性部位】全草。

【毒性成分与危害】含龙胆苦苷等环烯醚萜苷类化合物。对放牧牲畜毒性较小，未见自然中毒病例。

144

【**毒性级别**】小毒。

【**用途**】根入药，有祛风湿、清湿热、止痹痛、舒筋络等功效，主治风湿痹痛、筋骨拘挛、中风、颜面神经麻痹、小便不利、黄疸等病症。现代药理研究表明，主要有效成分龙胆苦苷有保肝、利胆、健胃及镇痛等作用。

秦艽

【**拉丁名**】*Gentiana macrophylla*。

【**别名**】麻花艽、大叶龙胆、大叶秦艽、西秦艽等。

【**科属**】龙胆科龙胆属多年生草本有毒植物。

【**形态特征**】株高 30 ～ 60 cm；直根粗壮，圆柱形，多为独根或有少数分叉；茎单一，圆形，节明显，斜升或直立，光滑；基生叶，较大，披针形，先端尖，全缘，表面平滑，茎生叶较小，对生，叶基联合，叶片平滑无毛，叶脉5；聚伞花序，多数花簇生枝头或轮状腋生，花冠先端5

裂，蓝色或蓝紫色；蒴果内藏或顶端外露，卵状椭圆形；种子细小，棕色，椭圆形，具光泽，表面具细网纹；花期 7—8 月，果期 9—10 月。

【**分布与生境**】分布于东北、华北、西北地区。生长于海拔 400 ～ 2 400 m 的河滩草地、草甸草地、山坡草地、林下或林缘草地。

【**毒性部位**】全草。

【**毒性成分与危害**】含龙胆碱、龙胆次碱、龙胆苦苷等化合物。放牧牲畜一般不采食，但缺草时被迫过量采食可引起中毒。中毒后主要表现为心悸、肺水肿、血尿、蛋白尿、心率减慢，并伴有中枢神经兴奋症状，最后因为呼吸中枢麻痹而致死。龙胆碱小鼠口服 LD_{50} 为 480 mg/kg，腹腔注射为 350 mg/kg，静脉注射为 250 ～ 300 mg/kg。

【**毒性级别**】小毒。

【**用途**】根入药，有祛风湿、清湿热、止痹痛、退虚热等功效，主治风湿

痹痛、半身不遂、筋脉拘挛、骨节酸痛、湿热黄疸、骨蒸潮热、小儿疳积发
热等病症。

龙胆

【拉丁名】*Gentiana scabra*。

【别名】龙胆草、胆草、山龙胆等。

【科属】龙胆科龙胆属多年生草本有毒植物。

【形态特征】株高 30 ～ 60 cm；根茎直立或平卧，具多数粗壮、略肉质
须根；花枝单生，直立，棱被乳突，黄绿色或紫红色；花多数，簇生枝顶端
和叶腋，无花梗，每朵花具苞片 2 枚，苞片披针形或线状披针形；花萼筒倒
锥状筒形或宽筒形；花冠蓝紫色，有时喉部具黄绿色斑点，筒状钟形；蒴果
内藏，宽椭圆形，两端钝；种子褐色，具光泽，线形或纺锤形，两端具宽翅，
表面具粗网纹；花期 5—8 月，果期 9—11 月。

【分布与生境】分布于东北、西北、西南、华中、华南地区。生长于海拔1 500 ～ 4 700 m 的山坡草地、草甸草地、灌丛、林缘或林下草地。

【毒性部位】全草。

【毒性成分与危害】含龙胆苦苷、龙胆碱、黄酮、香豆素及内酯等化合物。对人和动物均具有毒性。龙胆苦苷和龙胆碱对胃肠有刺激作用，使黏膜膜充血，大剂量抑制胃肠蠕动，使肠处于麻痹状态，对中枢神经系统呈兴奋作用。人超量使用可引起恶心呕吐、腹痛腹泻、可视黏膜充血、心率减慢、房室传导阻滞，如不及时救治会危及生命。放牧牲畜过量采食引起中毒。

【毒性级别】小毒。

【用途】根及根茎入药，有清热燥湿、泻肝胆实火等功效，主治湿热黄疸、小便淋痛、阴肿瘙痒、目赤肿痛等病症。龙胆花色为淡雅的紫蓝色，花形呈漏斗形，气质高贵，高洁典雅，可作为草原观赏植物。

匙叶龙胆

【拉丁名】*Gentiana spathulifolia*。

【别名】藏语奥拉毛。

【科属】龙胆科龙胆属一年生草本有毒植物。

【形态特征】株高 5 ～ 13 cm，茎紫红色，密被乳突；基生叶莲座状，宽卵形或圆形，边缘软骨质；茎生叶对生，疏离，叶片匙形，先端三角状尖；花多数，单生于小枝顶端，花梗紫红色；花萼漏斗形，先端 5 裂，裂片三角形；花冠蓝色或紫红色，漏斗形；雄蕊 5，着生于花冠筒中下部；子房椭圆形，具短柄，花柱短，柱头 2 裂；蒴果内藏或外露，长圆状匙形，具长柄，两侧边缘具狭翅；种子多数，褐色，椭圆形，具细网纹；花期 7—8 月，果期 8—9 月。

【分布与生境】分布于四川西北部、青海、甘肃南部。生长于海拔 2 800 ～ 3 800 m 的向阳山坡、河滩、高山草甸或灌丛草地。

【**毒性部位**】全草，特别是幼嫩时毒性较大。

【**毒性成分与危害**】含龙胆苦苷、龙胆碱、黄酮、香豆素及内酯等化合物。春季幼嫩时适口性较好，牲畜误食后引起消化系统和中枢神经系统毒性反应。

【**毒性级别**】有毒。

【**用途**】全草及叶花入药，有清热、解毒、利咽、消肿、止痛等功效，主治咽喉肿痛、咳嗽、痈疮肿毒等病症。花色大部分是青绿色、蓝色或淡青色，淡雅、素静，可作为草原观赏植物。

大花龙胆

【**拉丁名**】*Gentiana szechenyii*。

【**别名**】藏语榜间嘎保。

【**科属**】龙胆科龙胆属多年生草本有毒植物。

【**形态特征**】株高 5 ~ 7 cm，主根粗大，短缩，圆柱形，具多数肉质须根；茎短，基部被枯存膜质叶鞘包围；花枝丛生，较短，斜升，黄绿色，光滑；叶三角状或椭圆状披针形，边缘白色软骨质，密被乳突，中脉白色软骨质；花单生枝顶端，花萼筒膜质，黄白色或上部带紫红色，裂片披针形，具白色软骨质边缘及乳突；花冠具深蓝灰色宽条纹及斑点，内面白色，筒状钟形，裂片卵形，全缘或具微细齿；蒴果内藏，狭椭圆形，先端渐尖，基部钝，果柄粗壮；种子深褐色，矩圆形，具浅蜂窝

状网隙；花期 6—8 月，果期 9—11 月。

【分布与生境】分布于云南西北部、四川西部、青海南部、西藏东南部等地。生长于海拔 3 000 ～ 4 800 m 的山坡草地、高山或亚高山草甸。

【毒性部位】全草。

【毒性成分与危害】含龙胆苦苷等环烯醚萜苷类化合物。春季幼嫩时适口性较好，牲畜误食后引起消化道和中枢神经系统症状，表现为腹痛、腹泻、流涎，严重者导致中枢神经系统麻痹而死亡。

【毒性级别】小毒。

【用途】入藏药，有清热解毒、止咳平喘等功效，主治咽喉炎、肺炎、气喘等病症。大花龙胆花色艳丽，色彩丰富，可作为高寒草甸草原观赏植物。

长叶肋柱花

【拉丁名】*Lomatogonium longifolium*。

【别名】无。

【科属】龙胆科肋柱花属多年生草本有毒植物。

【形态特征】株高 8 ～ 25 cm，根茎短，茎从基部分枝，近直立，四棱形；基生叶及下部茎生叶匙形，先端钝圆，基部渐狭成柄，两面有明显中脉，叶柄扁平，具狭翅；茎中上部叶无柄，披针形或线状披针形，枝上叶较小；聚伞花序着生于分枝顶端，花梗坚硬，直立，花 5 数；花萼长为花冠长的 3/5，萼筒长，裂片线形，先端急尖，背面中脉明显；花冠蓝色，裂片椭

圆形或椭圆状披针形，先端急尖，基部两侧各具 1 个腺窝；花丝线形，花药蓝色，线状矩圆形；蒴果无柄，披针状圆柱形，种子淡褐色，近圆球形；花期 8—9 月，果期 10—11 月。

【分布与生境】分布于云南西北部、四川西南部、西藏东部等地。生长于海拔 3 400 ～ 4 200 m 的河边草地、草山草坡、高山灌丛或高山草甸。

【毒性部位】全草。

【毒性成分与危害】含环烯醚萜类、黄酮类、苯丙素类、三萜及酚类化合物。在过度放牧的草地，长叶肋柱花可形成优势种群，牲畜多因饥饿而过量采食后引起中毒。

【毒性级别】有毒。

【用途】全草入药，有清热利湿、健胃愈伤等功效，主治头痛发热、肝性黄疸、伤寒、中暑等病症。现代药理研究表明，肋柱花属植物所含的环烯醚萜类具有抗氧化、保肝利胆、解痉、抗焦虑、抗脑缺血等药理活性。花期花色呈浅蓝色，并有深蓝色条纹，观赏价值高，可作为草原观赏植物利用。

第 **10** 章

大戟科常见毒害草

乳浆大戟

【拉丁名】*Euphorbia esula*。

【别名】乳浆草、猫眼草、烂疤眼、东北大戟、华北大戟等。

【科属】大戟科大戟属多年生草本有毒植物。

【形态特征】株高达 60 cm，根圆柱状，常曲折，褐色或黑褐色；茎单生或丛生，单生时自基部多分枝，不育枝常发自基部，有时发自叶腋；叶线形或卵形，先端尖或钝尖，基部楔形或平截，无柄；不育枝叶常呈松针状，无柄；总苞叶 3～5 枚，与茎生叶同形，伞幅 3～5；花序单生于分枝顶端，基部无柄；总苞钟状，裂片半圆形或三角形，边缘及内侧被毛，腺体 4，新月形，两端具角，褐色；蒴果三棱状球形，具3 条纵沟，花柱宿存，种子卵球状，黄褐色，种阜盾状；花期 4—6 月，果期7—10 月。

【分布与生境】分布于东北、华北、华中、西北、西南地区。生长于路旁杂草丛、山坡草地、河边草地、荒山草地或沙丘。

【毒性部位】全草。

【毒性成分与危害】含巨大戟烷型二萜类化合物。乳浆大戟的白色汁液毒性较大，对皮肤和黏膜有强烈的刺激作用，皮肤接触引起皮炎，马、牛、羊等放牧牲畜误食可造成口腔及胃肠黏膜损伤引起胃肠炎。植物汁液进入眼睛可暂时性损害视觉。

【**毒性级别**】有毒。

【**用途**】全草入药，有利尿消肿、拔毒止痒、散结杀虫等功效，主治四肢浮肿、小便淋痛、肿毒、疥癣等病症；全草对鼠、蛆、蚊及其幼虫有毒性，可作为植物源性灭鼠剂或杀虫剂利用。

狼毒大戟

【**拉丁名**】*Euphorbia fischeriana*。

【**别名**】狼毒、狼毒疙瘩、猫眼睛、山红萝卜等。

【**科属**】大戟科大戟属多年生草本有毒植物。

【**形态特征**】株高达 40 cm，有白色汁液；根肥厚肉质，圆柱形，外皮褐

色，含黄色汁液；叶互生，茎基部叶多鳞片状，向上逐渐增大，披针形或卵状披针形，中上部叶有时为 3～5 轮生；花序呈伞状，有 5 数伞梗，每伞梗再二叉分枝，每一分枝基部有 2 枚对生苞片；杯状花序，花单性同株；蒴果卵圆形，被毛，具柄，花柱宿存；种子扁球状，灰褐色；花期 4—5 月，果期5—6 月。

【分布与生境】分布于东北、华北、华中、华南、西北、西南地区。生长于海拔 500～2 500 m 的山坡草地、丘陵坡地、草甸草原或石质山地阳坡。在云南迪庆藏族自治州退化草地已形成优势种群，对草地生态安全和畜牧业生产带来严重威胁。

【毒性部位】全草，根毒性大。

【毒性成分与危害】含大戟内酯、大戟醇、萜类及酚性化合物，主要毒性成分为萜类。危害各种放牧牲畜。全草及块根含刺激性汁液，对皮肤和黏膜有强烈的刺激作用。皮肤接触后引起水疱和灼烧感，春季误食幼嫩狼毒大戟可引起口腔咽喉的刺激、恶心、呕吐、出血性下痢、腹痛等中毒症状。

【毒性级别】大毒。

【用途】根入药，有逐水祛痰、破积杀虫、除湿止痒等功效，主治淋巴结结核、骨结核、水肿腹胀、牛皮癣、疥癣、神经性皮炎等病症。现代药理研究表明，狼毒大戟具有抗肿瘤、抗炎、抗病毒、抗菌等多种药理作用；也可作为植物源性灭鼠剂或杀虫剂利用，同时每年秋季狼毒大戟全株由黄绿色变成深红色，远望犹如天然红地毯铺满草甸，十分壮观，成为当地发展草原旅游的观赏植物，提升了狼毒大戟资源化利用附加值。

泽漆

【拉丁名】*Euphorbia helioscopia*。

【别　名】五灯草、五凤草、五朵云、猫儿眼草、漆茎等。

【科　属】大戟科大戟属一年生草本有毒植物。

【形态特征】根纤细，茎直立，株高 10 ～ 50 cm；单一或自基部多分枝，表面黄绿色，基部呈紫红色，光滑无毛；叶互生，无柄，倒卵形或匙形，先端钝圆或微凹，基部广楔形或突然狭窄，边缘在中部以上具锯齿；茎顶端具 5 片轮生叶状苞；多歧聚伞花序顶生，有伞梗，杯状花序钟形，黄绿色；雄花数枚，明显伸出总苞外，雌花 1，子房柄略伸出总苞边缘；蒴果三棱状阔圆形，光滑，具明显 3 条纵沟；种子卵形，表面具凸起网纹；花期 4—7 月，果期 8—10 月。

【分布与生境】除黑龙江、吉林、内蒙古、新疆、西藏外，其他各地均有分布。生长于海拔 100 ～ 1 500 m 的山坡、路旁、沟边、湿地或荒地草丛。

【毒性部位】全草。

【毒性成分与危害】含泽漆皂苷、三萜、泽漆醇等。新鲜泽漆所含汁液对皮肤和黏膜有很强的刺激作用，皮肤接触可致发红，甚至发炎溃烂。牛、马等放牧牲畜误食新鲜植株，可引起呕吐、腹痛、腹泻等中毒症状。

【毒性级别】有毒。

【用途】全草可入药，有利尿消肿、化痰散结、杀虫止痒等功效，主治水肿、肝硬化腹水、肺结核、淋巴结核、痰多喘咳、癣疮、骨髓炎等病症。

甘遂

【拉丁名】*Euphorbia kansui*。

【别名】猫儿眼、重泽、甘泽、苦泽、白泽、陵泽等。

【科属】大戟科大戟属多年生草本有毒植物。

【形态特征】株高 25 ～ 40 cm，根圆柱状，末端呈念珠状膨大，全株含白色汁液；茎常自基部分枝，下部带紫红色，上部淡绿色；叶互生，无柄，线状披针形及狭披针形，先端钝或具短尖头，基部渐狭，全缘；杯状聚伞花序顶生，苞叶 1 对，三角状卵形，全缘；总苞陀螺形，先端 4 裂，裂片卵状三角形，边缘被白毛，腺体 4 枚，新月形，黄色，两端具角，生于裂片之间的外缘；蒴果三棱状近球形，无毛，灰褐色；种子长球状，浅褐色至灰褐色，种阜盾状，无柄；花期 4—6 月，果期 6—8 月。

【分布与生境】为我国特有植物，分布于河北、河南、陕西、山西、宁夏、甘肃、四川等地。生长于农田地埂、路旁草丛、荒坡草地或沙漠湿润沙地。

【毒性部位】全草，根毒性较大。

【毒性成分与危害】含巨大戟烷型二萜、大戟烷型和甘遂烷型三萜等萜类化合物，对口腔、胃肠道及皮肤黏膜等均能产生强烈的刺激性。人过量服用或放牧牲畜误食引起腹痛、腹泻、呕吐，严重者因呼吸困难、循环衰竭而死亡。

【毒性级别】有毒。

【用途】块根入药，有泄水逐饮、破积通便、消肿散结等功效，主治水肿、腹水、喘咳、大小便不通等病症。甘遂毒性大，加醋炮制可降低其毒性。现代药理研究表明，甘遂有抗肿瘤、抗病毒、抗炎、杀虫、抗氧化及抑制免疫系统等多种药理活性。

大狼毒

【拉丁名】*Euphorbia jolkinii*。

【别名】毛狼毒大戟、乌吐、五虎下西山、搜山虎等。

【科属】大戟科大戟属多年生草本有毒植物。

【形态特征】株高 35 ～ 55 cm，全株含白色汁液，根圆锥状或圆柱状，淡褐色，无侧根或有少数侧根；茎自基部分枝或不分枝，每个分枝上部再数个分枝，无毛或被少许柔毛；叶互生，叶片卵状长圆形或椭圆形，先端钝尖或圆，基部渐狭或呈宽楔形或近平截，叶面绿色；花浅黄色，花序顶生或近顶腋生；总苞杯状，淡绿黄色，具纵棱，先端5裂，裂片倒卵形，先端微凹或全缘；外侧腺体 4 ～ 5 枚，长圆形，橘红色或黄

色，内面具白色丝毛；蒴果三棱状球形，具小疣状突起及红色刺毛；种子卵形，黄褐色，一端具明显白色种阜；花期4—6月，果期7—9月。

【分布与生境】分布于内蒙古东部、云南西北部、四川西部等地。生长于海拔 2 000 ～ 3 300 m 的山坡草地、河边湿地、林缘灌丛或亚高山草甸。

【毒性部位】全草，根有大毒。

【**毒性成分与危害**】含大戟树脂、生物碱及皂苷等。放牧牲畜误食可引起呕吐、腹痛、腹泻等急性胃肠炎症状。人接触植株汁液可引起皮肤肿胀、脱皮、发痒等过敏反应。

【**毒性级别**】大毒。

【**用途**】根入药，有消炎消肿、化瘀止血、杀虫止痒等功效，主治肝硬化腹水、创伤出血、跌打肿痛、皮肤瘙痒、疥癣等病症。

蓖麻

【**拉丁名**】*Ricinus communis*。

【**别名**】大麻子、草麻等。

【**科属**】大戟科蓖麻属一年生草本或草质灌木有毒植物。

【**形态特征**】株高 2～5 m，茎直立，无毛，绿色或稍紫色，被白粉；单叶互生，具长柄；叶片盾状圆形，掌状分裂至叶片的 1/2 以下，7～11 裂，边缘具不规则锯齿，主脉掌状；花雌雄同株，无花瓣，无花盘；

总状或圆锥花序，顶生，后与叶对生，雄花着生于花序下部，雌花着生于上部，均多朵簇生苞腋；雄花花被 3～5，裂片卵状三角形，无花盘，雄蕊多而密，合生成束；雌花苞与雄花相同，花被同雄花而稍狭，无花盘及异形雄蕊，雌蕊卵形，子房 3 室，花柱 3，红色；蒴果卵球形或近球形，具刺，成熟时开裂；种子椭圆形，光滑，具淡褐色或灰白色斑纹；花期 5—8 月，果期 7—10 月。

【分布与生境】全国各地均有栽培，以华北、东北最多，西北和华东次之，其他各地为零星种植或逃逸野生。生长于海拔 20～2 300 m 的村旁疏林、山坡荒地或河流两岸冲积地。

【毒性部位】全草，尤以蓖麻种子毒性最大。

【毒性成分与危害】含蓖麻毒蛋白、蓖麻碱、变应原和血球凝集素等毒性物质，其中蓖麻毒蛋白毒性最大，是已知毒蛋白中毒性最强的植物毒蛋白。对人和各种放牧牲畜都有毒。蓖麻毒素是一种细胞原浆毒，可损害肝、肾等实质脏器，并有凝集、溶解红细胞的作用，也可麻痹呼吸及血管运动中枢。成人食 20 粒即可中毒死亡，牛、马、猪等误食蓖麻种子或蓖麻叶，可引起呕吐、腹泻、腹痛、痉挛、呼吸困难，严重者导致死亡。

【毒性级别】大毒。

【用途】蓖麻种子含油量高、油黏度高、凝固点低、耐严寒、耐高温，为重要工业用油或可作为泻药。蓖麻饼粕经高温脱毒后可作饲料。

第 11 章

杜鹃花科常见毒害草

美丽马醉木

【拉丁名】*Pieris formosa*。

【别名】长苞美丽马醉木、兴山马醉木。

【科属】杜鹃花科马醉木属常绿灌木或小乔木有毒植物。

【形态特征】株高 2～4 m，小枝圆柱形，具叶痕；幼叶常带红色，叶革质，披针形、椭圆形或长圆形，稀倒披针形，先端渐尖或锐尖，基部楔形，边缘具细锯齿，两面侧脉和网脉明显，上面被微毛或无毛，下面无毛；中脉显著；叶柄长，腹面具沟纹，背面圆形；总状花序簇生于枝顶部叶腋，长 4～10 cm，稀达 20 cm；萼片宽披针形，花冠筒形坛状或坛状，白色，外面被柔毛，上部浅 5 裂，裂片先端钝圆；雄蕊 10，花丝线形，被白色柔毛，花药黄色；子房扁球形，花柱长，柱头小，头状；蒴果卵圆形，种子被黄褐色柔毛，纺锤形；花期 5—6 月，果期 7—9 月。

【分布与生境】分布于华中、华南、西南地区。生长于海拔 900～2 300 m 的常绿阔叶林、松林、河谷杂

林、山坡或林缘灌丛。

【毒性部位】茎、叶。

【毒性成分与危害】含马醉木毒素、木藜芦毒素等四环二萜类毒素，这类毒素具有很强的心脏毒性和神经系统毒性，危害各种放牧牲畜。绵羊最易感，其次为山羊，牛、马等发病较少。早春季节由于青绿饲料缺乏，牲畜常采食美丽马醉木茎叶而发生中毒，主要表现为流涎、呕吐、腹痛、腹泻、呼吸困难、后躯麻痹等症状，严重者 6～48 h 内死亡。

【毒性级别】有毒。

【用途】美丽马醉木鲜叶捣汁可杀虫，也可用作洗涤剂治疗人的癣疥、毒疮等病症。

大白杜鹃

【拉丁名】*Rhododendron decorum*。

【别名】大白花杜鹃、大白花、白花菜、白豆花等。

【科属】杜鹃花科杜鹃属常绿灌木或小乔木有毒植物。

【**形态特征**】株高 1～5 m，小枝粗壮，无毛，幼枝绿色，初被白粉，老枝褐色；叶厚革质，长圆形或圆状倒卵形，先端钝或圆，基部楔形，两面无毛，侧脉 18 对，两面微突起；叶柄圆，长 1.5～2.3 cm，黄绿色，无毛；总状伞形花序顶生，具花 8～10 朵，有香味；花梗粗壮，淡绿色带紫红色，具白

色腺体；花冠宽漏斗状钟形，花冠筒长 3～5 cm，裂片 6～8，近圆形，有微缺；雄蕊 13～16；子房长圆柱形，淡绿色，密被白色腺体，花柱长 3.4～4 cm，具白色腺体，柱头大，黄绿色；蒴果长圆柱形，微弯曲，黄绿色或褐色；花期 4—6 月，果期 9—10 月。

【**分布与生境**】分布于贵州、四川、云南、西藏等地。生长于海拔 1 000～3 300 m 的灌丛或森林。

【**毒性部位**】花、叶。

【**毒性成分与危害**】含四环二萜类毒素。主要危害牛、羊等放牧牲畜。春季放牧时牛、羊常因饥饿而被迫采食其幼嫩枝叶发生中毒，轻者食欲减退、咳嗽、精神萎靡，重者结膜充血、呼吸急促、流涎、四肢无力、步态蹒跚、心悸，严重者极度狂躁，而后持久抑制、呼吸困难，终因窒息而死亡。在我国四川和云南当地常采集鲜花作为野菜食用，但因漂洗、煮沸、除毒不彻底或食用过量而导致中毒。

【**毒性级别**】有毒。

【**用途**】花入药，有清热利湿、活血止痛等功效，主治白带过多、风湿疼痛、跌打损伤等病症。现代药理研究表明，大白杜鹃含的大白花毒素具有明显降压作用。大白杜鹃花朵美丽，具有很高观赏价值，可作为观赏花木栽培。

照山白

【拉丁名】*Rhododendron micranthum*。

【别名】毛果杜鹃、照白杜鹃、小花杜鹃、白镜子、铁石茶等。

【科属】杜鹃花科杜鹃属半常绿灌木有毒植物。

【形态特征】株高达 2 m，小枝褐色，被褐色鳞片及柔毛；叶互生，近革质，倒披针形、长圆状椭圆形或披针形，上面深绿色，疏被鳞片，下面黄绿色，密被棕色鳞片，叶柄被鳞片；花密生成总状花序，顶生，具花 10 ～ 28 朵；花萼 5 裂，卵形或披针形，外面被褐色鳞片及柔毛；花冠钟形，乳白色，外面被鳞片，内面无毛，冠筒较裂片稍短；雄蕊 10，花丝无毛；子房 5 ～ 6 室，密被鳞片，花柱与雄蕊等长或较短，无鳞片；蒴果长圆形，成熟后褐色，疏被鳞片；花期 5—7 月，果期 8—11 月。

【分布与生境】分布于东北、华北、西北及山东、河南、湖北、湖南、四川等地。生长于海拔 1 000 ～ 3 000 m 的山坡灌丛、山沟石缝或山谷林下。

【毒性部位】全株，尤以幼枝嫩叶毒性大。

【毒性成分与危害】含梫木毒素等四环二萜类毒素。主要危害山羊和绵羊，山羊最敏感，黄牛耐受性较强，马属动物自然情况下不中毒。山羊采食照山白新鲜茎叶 1.4 ～ 2.6 g/kg 体重，可引起呕吐、血压下降、脱水、昏迷等中毒症状，严重者 1 ～ 3 d 死亡。

【毒性级别】大毒。

【用途】枝、叶及花入药，有祛风通络、调经止痛、化痰止咳等功效，主治产后关节痛、慢性气管炎、风湿痹痛、腰痛等病症。照山白枝条较细，花小色白，可作为观赏植物在庭园及公园栽培。

羊踯躅

【拉丁名】*Rhododendron molle*。

【别名】闹羊花、惊羊花、黄杜鹃、黄色映山红等。

【科属】杜鹃花科杜鹃属落叶灌木有毒植物。

【形态特征】株高 0.5～2 m，分枝稀疏，直立，幼枝被白色柔毛和刚毛；叶纸质，长圆形或长圆状披针形，先端钝，基部楔形，边缘具睫毛，中脉和侧脉凸出；叶柄被柔毛和少数刚毛；总状伞形花序顶生，花朵多达 13 朵；花梗长 1～2.5 cm，被微柔毛及疏刚毛；花萼裂片小，圆齿状；花冠阔漏斗形，黄色或金黄色，里面具深红色斑点，花冠管向基部渐狭，圆筒状；雄蕊 5，花丝扁平；子房圆锥状，密被灰白色柔毛及疏刚毛，花柱无毛；蒴果圆柱状，具 5 条纵肋，被柔毛和刚毛；花期 3—5 月，果期 7—8 月。

【分布与生境】分布于华中、华南、西南地区。生长于海拔 200～2 000 m 的丘陵山坡、石缝、灌丛或山脊杂木林。

【毒性部位】全株，花和果毒性最大。

【毒性成分与危害】含闹羊花毒素、马醉木毒素、木藜芦毒素等四环二萜类毒素。主要危害放牧牲畜，每年 4—6 月

牲畜采食或误食幼嫩枝叶可引起中毒，表现为流涎、呕吐、腹泻、腹痛、痉挛、心跳减慢、步态蹒跚、呼吸困难等症状，严重者因呼吸衰竭而死亡。

【毒性级别】有毒。

【用途】花入药，有祛风除湿、消肿止痛等功效，主治风湿性关节炎、跌打损伤、偏头痛等病症；花、枝、叶和根粉对昆虫具有触杀毒和胃毒，可作为植物源杀虫药防治农作物虫害；羊踯躅花型和花色独特，是众多杜鹃花科园艺品种的母本，有极高观赏价值。

映山红

【拉丁名】*Rhododendron simsii*。

【别名】杜鹃、红杜鹃、满山红、照山红、山踯蠋等。

【科属】杜鹃花科杜鹃属灌木有毒植物。

【形态特征】株高 2～5 m，主干直立，分枝多而纤细，密被棕褐色糙伏毛；叶形多变，革质或纸质，常集生于枝顶端、卵形、椭圆状卵形或倒披针形，先端短渐尖，基部楔形或宽楔形，边缘具细齿，上面深绿色，疏被糙伏毛，下面淡白色，密被褐色糙伏毛；总状花序或伞房花序顶生，花冠呈漏斗状钟形，花色丰富，玫瑰色、鲜红色或暗红色，并具条纹和斑点；雄蕊 10，长约与花冠相等，花丝线状；子房卵球形，密被亮棕褐色糙伏毛，花柱伸出花冠外，无毛；蒴果卵球形，密被糙伏毛，花萼宿存；花期 4—5 月，果期 6—8 月。

【分布与生境】分布于陕西、河南、安徽、湖北、湖南、江西及西南各地。生长于海拔 500～2 500 m 的山地丘陵、灌丛或松林。为中南、西南地区典型酸性土壤的指示植物。

【毒性部位】全株，尤以花毒性大。

【毒性成分与危害】含木藜芦毒素等四环二萜类毒素。主要危害放牧牲畜。映山红枝叶适口性较差，一般情况下，牲畜很少采食，但遇早春季节青草缺乏时，牲畜被迫采食幼嫩枝叶可引起急性中毒，表现为剧烈呕吐、流涎、厌食、呼吸困难、肌肉软弱无力，严重者导致死亡。每天按 5 g/kg 体重剂量给山羊灌服映山红枝叶，连续 2～3 d 可引起急性中毒，甚至死亡。

【**毒性级别**】有毒。

【**用途**】全株入药，有行气活血、补气血、祛风止痛等功效，主治肾虚耳聋、月经不调、风湿、跌打损伤等病症。枝叶繁茂，花色绮丽多姿，有较高观赏价值，可作为花卉植物广泛栽培。

第 12 章

荨麻科常见毒害草

蝎子草

【拉丁名】*Girardinia suborbiculata*。

【别名】天天麻、蜇人草、蜂麻、火麻草等。

【科属】荨麻科蝎子草属一年生草本有毒植物。

【形态特征】株高 30 ～ 100 cm，茎麦秆色或紫红色，疏被刺毛和糙伏毛；叶膜质，宽卵形或近圆形，先端短尾状

或短渐尖，基部近圆形、截形或浅心形，稀宽楔形，边缘具 8 ～ 13 对缺刻状粗牙齿或重牙齿；叶柄疏被刺毛和糙伏毛，托叶披针形或三角状披针形；花雌雄同株，雌花序单或雌雄花序成对腋生；雄花序穗状，雌花序短穗状，下部具短分枝，团伞花序枝密被刺毛，连同主轴被近贴生短硬毛；雄花具梗，花被 4 片，深裂卵形，外面疏被短硬毛；雌花近无梗，花被片大，近盔状，顶端 3 齿，外疏被短刚毛，条形；瘦果宽卵形，双凸透镜状，灰褐色，具不规则粗疣点；花期 7—8 月，果期 9—10 月。

【分布与生境】分布于东北、华北及山东、安徽、河南西部、陕西等地。生长于海拔 50 ～ 800 m 的林下沟边或阴凉湿地。

【毒性部位】刺毛。

【毒性成分与危害】含没食子酸、生物碱等。对人和各种放牧牲畜有毒。刺毛含高浓度酸类，具有很强刺激性，人畜皮肤接触后毒汁随毛孔进入皮肤，引起皮肤烧痛、红肿、起疱等炎症反应，有如荨麻疹症状。

【毒性级别】有毒。

【用途】全草入药，有止痛功效，主治风湿痹痛。现代药理研究发现，蝎子草浸膏具有抗炎、抗痛风、镇静等作用。在我国有些地方将蝎子草幼

嫩茎叶作蔬菜食用。蝎子草营养价值较高，也可在秋季收割粉碎后饲喂牲畜。

狭叶荨麻

【拉丁名】*Urtica angustifolia*。

【别名】螫麻子、哈拉海、小荨麻等。

【科属】荨麻科荨麻属多年生草本有毒植物。

【形态特征】株高 40～150 cm，根状茎木质化，茎四棱形，疏被刺毛和稀疏细糙毛，分枝或不分枝；叶披针形或披针状线形，稀狭卵形，长 4～15 cm，宽 1～3.5 cm，先端长渐尖或锐尖，基部圆形，边缘具粗牙齿或锯齿，齿尖常前倾或稍内弯；上面被细糙伏毛和粗而密缘毛，下面沿脉疏被细糙毛；叶柄短，疏被刺毛和糙毛，托叶每节 4 枚，离生，线形；雌雄异株，花序圆锥状，有时分枝短近穗状；瘦果卵形或宽卵形，双凸透镜状，近光滑或具不明显细疣点；宿存花被 4 片，下部合生，外面被稀疏微糙毛或近无毛，内面 2 枚椭圆状卵形，长稍盖过果，外面 2 枚狭倒卵形，较内面短约 3 倍；花期6—8 月，果期 8—9 月。

【分布与生境】分布于黑龙江、吉林、辽宁、内

蒙古、河北、山西等地。生长于海拔
800 ～ 2 200 m 的山地河谷、山地林缘、
灌丛或沟旁潮湿地。

【毒性部位】刺毛。

【毒性成分与危害】含蚁酸、丁酸
和酸性刺激性物质。对人和各种放牧牲
畜有毒。人和牲畜皮肤接触狭叶荨麻茎
叶上的刺毛，如蜂蜇般疼痛难忍，接触
处立刻出现刺痛、瘙痒、烧伤、红肿等
刺激性皮炎症状。

【毒性级别】有毒。

【用途】全草入药，有祛风定惊、
消食通便等功效，主治风湿关节痛、产
后抽风、小儿惊风、小儿麻痹后遗症等
病症。狭叶荨麻富含蛋白质、氨基酸及
矿物元素等，营养价值和保健价值高，是传统的药食同源野生植物，可炒食
或蒸煮后食用；夏秋季节收割粉碎可饲喂牲畜；茎皮纤维韧性好，拉力强，
可作为纺织原料或编织利用。

麻叶荨麻

【拉丁名】*Urtica cannabina*。

【别名】焮麻、蝎子草、赤麻子、
火麻草、螫麻子等。

【科属】荨麻科荨麻属多年生草本
有毒植物。

【形态特征】株高 50 ～ 150 cm，
下部粗大，茎四棱形，常近于无刺毛，
有时疏被或稀稍密被刺毛，少数分枝；
叶五角形，掌状 3 全裂，稀深裂，一回
裂片羽状深裂，二回裂片具裂齿或浅
锯齿，下面被柔毛和脉上疏被刺毛，上

面密布钟乳体；叶柄被刺毛或微柔毛，托叶每节 4 枚，离生，线形，两面被微柔毛；花雌雄同株，雄花序圆锥状，着生于下部叶腋；雌花序着生于上部叶腋，穗状，有时在下部有少数分枝，序轴粗硬，直立或斜展；雄花具短梗，花被片合生至中部，外面被微柔毛；退化雌蕊近碗状，近无柄，淡黄色或白色，透明；瘦果狭卵形，顶端锐尖，稍扁，具褐红色疣点；花期 7—8 月，果期 8—10 月。

【分布与生境】分布于东北、华北、西北地区，尤其在新疆天山南北低山区、甘肃、青海退化草地已形成优势种群。生长于海拔 800 ～ 2 800 m 的山坡草地、丘陵坡地、河漫滩地或路边草地。

【毒性部位】叶和刺毛。

【毒性成分与危害】含蚁酸、丁酸和酸性刺激性物质。对人和各种放牧牲畜有毒。牲畜皮肤接触可引起发痒、红肿、刺痛等刺激性症状，误食可引起呕吐、腹痛、腹泻等胃肠炎症状。

【毒性级别】有毒。

【用途】全草入药，有祛风除湿、解痉活血等功效，主治高血压、风湿关节痛、小儿惊风等病症。茎皮纤维可作为纺织原料。麻叶荨麻植株高、地上部分生物量大，营养价值比较丰富，夏秋季节采收，干燥粉碎后制成草粉，可用于冬春季节枯草期牲畜补饲。在我国新疆哈密，荨麻属植物常作为养猪、养鸡的粗饲料利用。

荨麻

【拉丁名】*Urtica fissa*。

【别名】蜇人草、咬人草、蝎子草、白蛇麻、火麻、蛇麻草等。

【科属】荨麻科荨麻属多年生草本有毒植物。

【形态特征】株高40～100 cm，根状茎横走，茎四棱形，密被刺毛和微柔毛，分枝少；叶近膜质，宽卵形、椭圆形、五角形或近圆形，先端渐尖或锐尖，基部截形或心形；边缘有5～7对浅裂片或掌状3深裂，裂片自下向上逐渐增大，三角形或长圆形，先端锐尖或尾状；边缘具数枚牙齿状锯齿，上面疏被刺毛和糙伏毛，下面被稍密短柔毛；叶柄密被刺毛和微柔毛，托叶草质；雌雄同株，雌花序着生于上部叶腋，雄花着生于下部叶腋；花序圆锥状，具少数分枝，有时近穗状，序轴被微柔毛和疏刺毛；瘦果近圆形，稍双凸透镜状，表面具褐红色细疣点；花期8—10月，果期9—11月。

【分布与生境】分布于华中、华南、西南、西北地区。生长于海拔500～2 000 m的山坡砾石地、沟谷砾石地、丘陵山坡或路边阴湿地。

【毒性部位】刺毛。

【毒性成分与危害】含蚁酸、丁酸和酸性刺激性物质。对人和各种放牧牲畜有毒。人和牲畜皮肤接触其茎

叶上的刺毛，如蜂蜇般疼痛难忍，立刻引起瘙痒、烧痛、红肿、起疱等刺激性皮炎症状。

【毒性级别】有毒。

【用途】全草入药，有祛风除湿、活血止痛等功效，主治风湿疼痛、荨麻疹、湿疹、产后抽风、小儿惊风等病症。幼嫩枝叶经加热蒸煮后，可食用或作饲料。茎皮富含纤维为重要纤维植物，可作为纺织原料或编织利用。

宽叶荨麻

【拉丁名】*Urtica laetevirens*。

【别名】齿叶荨麻、螫麻、哈拉海。

【科属】荨麻科荨麻属多年生草本有毒植物。

【形态特征】株高 30 ～ 100 cm，根状茎匍匐，茎纤细，四棱形，被稀疏刺毛和糙毛；叶近膜质，卵形或披针形，先端短渐尖，基部圆形或宽楔形，具牙齿，两面疏被刺毛和糙毛；叶柄纤细，向上渐变短，疏被刺毛和细糙毛；托叶每节 4 枚，离生或有时上部合生，披针形或长圆形；雌雄同株，稀异株，雄花序近穗状，纤细，着生于上部叶腋；雌花序近穗状，着生于下部叶腋，稀缩短呈簇生状，小团伞花簇稀疏着生于花序轴；雄花花被片近中部合生；瘦果卵圆形，顶端稍钝，灰褐色，稍具疣点；花期 6—8 月，果期 8—9 月。

【分布与生境】分布于东北、华北、华中、西北、西南地区。生长于海拔 1 200 ～ 3 500 m 的山谷溪边、山坡林下或阴湿地。

【毒性部位】刺毛。

【**毒性成分与危害**】含蚁酸、丁酸和酸性刺激性物质。人和牲畜皮肤接触其茎叶上的刺毛，可引起瘙痒、刺痛、红肿、起疱等刺激性皮炎症状。

【**毒性级别**】有毒。

【**用途**】全草入药，有祛风定惊、消食通便等功效，主治风湿关节痛、产后抽风、小儿惊风、消化不良等病症。茎皮纤维可作为纺织原料。幼嫩茎叶可食用。

第 13 章
蔷薇科常见毒害草

椤木石楠

【拉丁名】*Photinia davidsoniae*。

【别名】贵州石楠、椤木、水红树花、梅子树、山官木、千年红等。

【科属】蔷薇科石楠属常绿乔木有毒植物。

【形态特征】株高 6 ～ 15 m，幼枝黄红色，后成紫褐色；叶片革质，长圆形、倒披针形或椭圆形，长 5 ～ 15 cm，宽 2 ～ 5 cm，先端急尖或渐尖，具短尖头，基部楔形，边缘稍反卷，具腺细锯齿，侧脉 10 ～ 12 对；花多数，密集成复伞房花序顶生，总花梗和花梗被平贴短柔毛，苞片和小苞片微小；花萼筒浅杯状，外面疏被平贴短柔毛；萼片阔三角形，先端急尖，被柔毛；花瓣圆形，先端圆钝，基部具极短爪，两面皆无毛；雄蕊 20，较花瓣短；花柱 2，基部合生并密被白色长柔毛；果实球形或卵形，黄红色，无毛；种子 2 ～ 4 粒，卵形，褐色；花期 5 月，果期 9—10 月。

【分布与生境】分布于华中、华南、西南及陕西等地。生长于海拔 600 ～ 1 000 m 的灌丛，常栽培于路边、公园及街道绿化带。

【毒性部位】全株，尤以幼嫩枝叶和种子毒性大。

【**毒性成分与危害**】幼嫩枝叶和种子含氰苷，氰苷可在稀酸或酶催化下水解为剧毒氢氰酸，对各种放牧牲畜均有毒性。牲畜采食或误食幼嫩枝叶即可引起氢氰酸中毒，表现为口吐白沫、缺氧、极度呼吸困难、可视黏膜鲜红、瞳孔散大、兴奋痉挛等，最终导致细胞内氧利用障碍而死亡。

【**毒性级别**】有毒。

【**用途**】椤木石楠枝繁叶茂，树冠呈圆球形，早春嫩叶绛红色，初夏白花点点，秋末赤实累累，一年四季叶、花及果均可观赏，在我国长江流域及南方常作为园林绿化或观赏植物广泛栽培。

红叶石楠

【**拉丁名**】*Photinia fraseri*。

【**别名**】火焰红、千年红、红罗宾、酸叶石楠等。

【**科属**】蔷薇科石楠属常绿阔叶小乔木或多枝丛生灌木有毒植物。

【**形态特征**】株高 4～6 m，株形紧凑，小枝灰褐色，无毛；叶革质，互生，披针形或长披针形，长 6～12 cm，宽 3～6.5 cm，边缘具锯齿，新梢及新叶鲜红色，老叶革质，叶表深绿色具光泽，叶背绿色，光滑无毛；复伞房圆锥花序顶生，花多而密，花白色；浆果球形，红色或褐紫色；花期 5—7 月，果期 9—10 月。

【**分布与生境**】分布于华北大部、华东、华南、西南各地。生长于海拔 1 000～2 500 m 的杂木林，许多省份已广泛栽培。

【毒性部位】全株，尤以幼嫩枝叶毒性大。

【毒性成分与危害】幼嫩枝叶富含氰苷，牲畜采食或误食幼嫩枝叶即可引起氢氰酸中毒。

【毒性级别】有毒。

【用途】可作为园林绿化或观赏植物广泛栽培。

光叶石楠

【拉丁名】*Photinia glabra*。

【别名】扇骨木、光凿树、石斑木、红檬子、山官木等。

【科属】蔷薇科石楠属常绿乔木有毒植物。

【形态特征】株高 3 ～ 5 m，小枝无毛，老枝具棕黑色近圆形皮孔；叶革质，椭圆形、长圆形或长圆状倒卵形，先端渐尖，基部楔形，边缘疏具浅钝细锯齿，侧脉 10 ～ 18 对，两面无毛；叶柄长 1 ～ 1.5 cm，无毛；花多数，复伞房花序顶生；总花梗和花梗均无毛；花萼筒杯状；萼片三角形，内面被柔毛；花瓣白色，反卷，倒卵形，内面近基部被白色茸毛，基部具短爪；雄蕊 20，与花瓣等长或较短；花柱 2，离生或下部合生，柱头头状，子房顶端被柔毛；果实卵形，红色，无毛；花期 4—5 月，果期 9—10 月。

【分布与生境】分布于江苏、安徽、湖北、湖南、浙江、福建、江西、广西、广东、贵州、四川、云南等地。生长于海拔 500 ～ 800 m 的山坡杂木林。

【毒性部位】全株，尤以幼嫩枝叶和种子毒性大。

　　【毒性成分与危害】含氰苷，对各种放牧牲畜均有毒性，采食或误食幼嫩枝叶或种子可引起氢氰酸中毒。

　　【毒性级别】有毒。

　　【用途】叶入药，有利尿消肿、祛风止痛、补肾强筋等功效，主治小便不利、跌打损伤、头痛等病症。种子榨油，可制作肥皂或润滑油。光叶石楠树冠圆整，叶片光绿色，可作为园林绿化或观赏植物栽培。

石楠

　　【拉丁名】*Photinia serratifolia*。

　　【别名】红树叶 石岩树叶、水红树、山官木、千年红等。

　　【科属】蔷薇科石楠属常绿灌木或小乔木有毒植物。

　　【形态特征】株高 4～6 m，枝灰褐色，无毛；叶片革质，长椭圆形、长倒卵形或倒卵状椭圆形，先端尾尖，基部圆形或宽楔形，边缘疏生具腺细锯齿，近基部全缘，幼时中脉被茸毛，成熟后两面无毛，中脉明显，侧脉 25～30 对；叶柄粗壮，幼时被茸毛，后无毛；复伞房花序顶生，总花梗和花梗无毛；花密生，花萼筒杯状，无毛；萼片阔三角形，先

端急尖，无毛；花瓣白色，近圆形，两面皆无毛；雄蕊 20，外轮较花瓣长，内轮较花瓣短，花药带紫色；花柱 2 ～ 3，基部合生，柱头头状，子房顶端被柔毛；果实球形，红色或褐紫色，种子卵形，棕色，平滑；花期 4—5 月，果期 8—10 月。

【分布与生境】分布于华中、华南、西南及四川、云南、贵州、陕西、甘肃等地。生长于海拔 1 000 ～ 2 500 m 的杂木林。

【毒性部位】全株，尤以幼嫩枝叶和种子毒性大。

【毒性成分与危害】含氰苷，对各种放牧牲畜均有毒性，采食或误食幼嫩枝叶或种子可引起氢氰酸中毒。

【毒性级别】有毒。

【用途】根和叶入药，有壮筋骨、利尿、镇静解热等功效；制成植物源农药可防治农作物蚜虫，对马铃薯黑粉病也有一定防治效果；种子榨油可供制作油漆、肥皂或润滑油；也可作为园林绿化植物、庭荫树或绿篱栽植。

蒙古扁桃

【拉丁名】*Prunus mongolica*。

【别名】山樱桃、土豆子，蒙古语乌兰-布衣勒斯。

【科属】蔷薇科李属灌木有毒植物。

【形态特征】株高 1 ～ 2 m，枝条开展，多分枝，小枝顶端成枝刺，嫩枝被短柔毛；叶短枝多簇生，长枝常互生；叶片宽椭圆形、近圆形或倒卵形，叶边具浅钝锯齿，侧脉约 4 对，中脉明显突起；花单生，稀数朵簇生于短枝；花梗极短，花萼筒钟形；萼片长圆形，与萼筒近等长；花瓣倒卵形，粉红色；雄蕊多数，长短不一，被柔毛；子房被短柔毛；果实宽卵球形，外面密被柔毛；果肉薄，成熟时开裂，离核；核卵圆形，腹缝扁，光滑，具浅沟纹，无孔穴；种仁扁宽卵形，棕褐色；花期 5—6 月，果期 7—8 月。

【分布与生境】分布于内蒙古乌兰察布西部、鄂尔多斯、阿拉善、宁夏以及甘肃河西走廊等地，在荒漠半荒漠草原已形成优势种群。生长于海拔 1 100 ～ 2 500 m 的荒漠半荒漠草原、丘陵坡麓、干旱石质坡地或干河床沙地。

【毒性部位】幼嫩枝叶及果仁。

【毒性成分与危害】含扁桃苷又称苦杏仁苷，属氰苷类，在酶和稀酸作用下可水解生成剧毒氢氰酸。主要危害放牧动物。春季幼嫩枝叶及花适口性好，山羊、绵羊及牛等牲畜喜欢采食，特别是在干旱年份，其他可食牧草匮乏时，因饥饿大量采食引起中毒。

【**毒性级别**】有毒。

【**用途**】种仁入药，有润肠通便、止咳化痰等功效，主治肠燥便秘、咽喉干咳、支气管炎、阴虚便秘等病症。蒙古扁桃是荒漠半荒漠沙化地区重要的防风固沙及水土保持树种，也是木本油料树种。

第 **14** 章

蕨类植物常见毒害草

问荆

【拉丁名】*Equisetum arvense*。

【别名】接续草、空心草、马蜂草、笔头草等。

【科属】木贼科木贼属多年生草本有毒植物。

【形态特征】根茎斜升，直立和横走，黑棕色；株高 5～35 cm，主枝绿色，轮生分枝多，主枝中部以下具分枝，脊背部弧形，无棱，有横纹，无小瘤；鞘筒窄长，绿色；侧枝柔软纤细，扁平状，具 3～4 条狭而高的脊，脊背部有横纹；鞘齿 3～5，披针形，中间黑棕色，边缘膜质，淡棕色，宿存；孢子囊穗圆柱形，顶端钝，成熟时柄伸长，3～6 cm。

【分布与生境】分布于东北、华北、华中、西南、西北地区。生长于海拔 600～3 700 m 的山谷湿地、田间耕地、沟旁、沙地或草甸草地。

【毒性部位】全草。

【毒性成分与危害】含犬问荆碱、硫胺素酶、黄酮及问荆皂苷等。主要危害马属动物，呈现神经毒性。马属动物大量采食引起急性中毒，表现为反射

机能兴奋、步态蹒跚、站立困难、后肢麻痹等运动机能障碍，小脑和脊髓充血水肿，约数小时至 1 d 即可导致死亡。长期少量采食引起慢性中毒，表现为消瘦、下痢等症状。

【毒性级别】有毒。

【用途】全草入药，有清热凉血、解毒利尿等功效，主治鼻出血、便血、外伤出血、咳嗽气喘等病症。现代药理研究表明，问荆有保肝、降血脂、利尿及降压等作用。问荆植株有积累某些金属元素的特性，通过对其金属含量的分析，进行矿藏勘探。

木贼

【拉丁名】*Equisetum hyemale*。

【别名】千峰草、笔头草、笔筒草、接骨草、锉草、马人参等。

【科属】木贼科木贼属多年生常绿草本有毒植物。

【形态特征】根茎横走或直立，黑棕色，节和根被黄棕色长毛；地上枝多年生，株高达 1 m 或更多，茎干分节，节间长 5 ～ 8 cm，绿色，不分枝或直基部具少数直立侧枝；地上枝具脊 16 ～ 22 条，脊背部弧形或近方形，具小瘤或无明显小瘤；鞘筒黑棕色，顶部及基部各有 1 圈或仅顶部有 1 圈黑棕色；鞘齿

16 ～ 22 枚，披针形；顶端淡棕色，膜质，芒状，下部黑棕色，薄革质，基部背面具 3 ～ 4 条纵棱，宿存或同鞘筒一起早落；孢子囊穗卵状，顶端具小尖突，无柄。

【分布与生境】分布于东北、华北、西北、长江流域地区。生长于海拔100 ～ 3 000 m 的山坡林下阴湿地、河岸湿地、溪边或杂草地。

【**毒性部位**】全草。

【**毒性成分与危害**】含犬问荆碱、硫胺素酶及微量烟碱。主要危害马属动物。误食或采食后引起急性中毒，表现为四肢无力、共济失调、转身困难、震颤及肌肉强直、脉搏弱而频、四肢发冷等症状，血液学检查呈现维生素 B_1 缺乏。中毒牲畜用大量维生素 B_1 治疗，有解毒作用。

【**毒性级别**】有毒。

【**用途**】全草入药，有疏散风热、明目退翳、凉血止血等功效，主治白内障、便血、疟疾、咽喉痛、痈肿等病症。

节节草

【**拉丁名**】*Equisetum ramosissimum*。

【**别名**】节节木贼、草麻黄、木贼草、土麻黄等。

【**科属**】木贼科木贼属多年生草本有毒植物。

【**形态特征**】根茎直立，横走或斜升，黑棕色，节和根疏生黄棕色长毛或无毛；株高 20 ～ 60 cm，茎干分节，节间长 2 ～ 6 cm，绿色，主枝多在下部分

枝，常形成簇生状；幼枝轮生，分枝明显或不明显；主枝具脊 5 ～ 14 条，脊背部弧形，具小瘤或浅色小横纹；鞘筒狭长达 1 cm，下部灰绿色，上部灰棕色；鞘齿 5 ～ 12 枚，三角形，灰白色、淡棕色或黑棕色，边缘膜质，基部扁平或弧形，齿上气孔带明显或不明显；侧枝较硬，圆柱状，具脊 5 ～ 8 条，脊平滑，具小瘤或浅色小横纹；鞘齿 5 ～ 8 个，披针形，边缘膜质，上部棕色，宿存；孢子囊穗短棒状或椭圆形，顶端具小尖突，无柄。

【分布与生境】分布于东北、西北、华北、华中、华南、西南地区。生长于海拔 100 ～ 3 300 m 的山谷阴湿地、溪边湿地、山坡林下阴湿地、潮湿沙地或荒野。

【毒性部位】全草。

【毒性成分与危害】含犬问荆碱、烟碱。主要危害各种放牧牲畜。牲畜采食或误食中毒后主要表现为以运动机能障碍为主的中枢神经症状，出现站立不稳、步态蹒跚、后躯摇摆、肌肉强直、全身或局部肌肉震颤等症状，严重时出现阵发性痉挛、呼吸困难、全身出汗，终因虚脱死亡。

【毒性级别】有毒。

【用途】全草入药，有祛风除湿、清热利尿、祛痰止咳等功效，主治目赤肿痛、肝炎、咳嗽、支气管炎、泌尿系统感染等病症。花汁可作为颜料用于绘画。

欧洲蕨

【拉丁名】*Pteridium aquilinum*。

【别名】陈蕨花、凤凰草、蕨巴、蕨菜等。

【科属】蕨科蕨属多年生草本有毒植物。

【形态特征】株高达 1 m，根状茎长而横走，密被锈黄色柔毛；叶远生，叶柄长 20 ～ 80 cm，基部粗，褐棕色，略有光泽，光滑，上面具浅纵沟 1 条；叶片阔三角形或长圆三角形，先端渐尖，基部圆楔形，三回羽状；羽片 4 ～ 6 对，对生或近对生，斜展，基部最大，三角形，二回羽状；小羽片约 10 对，互生，斜展，披针形，先端尾状渐尖，基部近平截，具短柄，一回羽状；裂片 10 ～ 15 对，平展，长圆形，钝头或近圆头，基部不与小羽轴合生，分离，全缘；中部以上羽片渐变为一回羽状，长圆状披针形，基部较宽，对称，先端尾状，部分小羽片下部具 1 ～ 3 对浅裂片或边缘具波状圆齿；叶脉稠密，叶干后近革质或革质，暗绿色，上面无毛，下面被棕色或灰白色疏毛或近无毛；叶轴及羽轴光滑，小羽轴表面光滑，背面被疏毛，羽轴上面均具深纵沟 1 条。

【分布与生境】分布于长江中上游流域、秦岭山脉、大兴安岭及以北地区。生长于海拔 500 ～ 1 500 m 的山地阳坡、森林阳光充足处或潮湿草地。

【**毒性部位**】全草，尤以根茎毒性最大，幼芽及未成熟叶片毒性大于成熟叶片。

【**毒性成分与危害**】含硫胺素酶、原蕨苷、蕨苷、蕨素、血尿因子、莽草酸和槲皮黄素等。主要危害马、牛、羊等放牧牲畜。牛急性中毒以骨髓损伤和再生障碍性贫血为特征，牛慢性中毒表现为地方性血尿病或膀胱肿瘤；羊中毒表现为视网膜退化、失明及脑灰质软化；单胃动物中毒表现为硫胺素缺乏症。现代毒理学研究发现，欧洲蕨所含毒性物质具有致癌性，可引起实验大鼠和豚鼠消化道、膀胱和乳腺肿瘤。

【**毒性级别**】有毒。

【**用途**】根茎富含淀粉称蕨粉，嫩叶称蕨菜，均可食用。全草入药，有祛风除湿、利尿解热功效，也可作为植物源性驱虫剂利用。

毛轴蕨

【**拉丁名**】*Pteridium revolutum*。

【**别名**】苦蕨、毛蕨等。

【**科属**】蕨科蕨属多年生草本有毒植物。

【**形态特征**】株高 1 m 以上，根状茎横走；叶远生，叶柄长 35 ～ 50 cm，基部粗，棕色，上面具纵沟 1 条，幼时密被灰白色柔毛，老时脱落渐变光滑；叶片阔三角形或卵状三角形，渐尖头，三回羽状；羽片对生，斜展，具柄，长圆形，先端渐尖，基部平截，下部羽片略呈三角形，二回羽状；小羽片对生或互生，平展，无柄，与羽轴合生，披针形，先端钝或急，向基部逐渐变宽，彼此连接，全缘；叶片顶部为二回羽状，羽片披针形；裂片下面被灰白色或浅棕色密毛，边缘常反卷；叶轴、羽轴及小羽轴两面的纵沟均密被灰白色或浅棕色柔毛，老时渐稀疏。

【**分布与生境**】分布于贵州、四川、云南、西藏、陕西、甘肃、宁夏等地。生长于海拔 570 ～ 3 000 m 的山坡阴湿地、山谷疏林或林间草地。

【**毒性部位**】全草，尤以根茎毒性最大，幼芽及未成熟叶片毒性大于成熟叶片。

【**毒性成分与危害**】含硫胺素酶、原蕨苷、蕨苷、蕨素、血尿因子、莽草酸和槲皮黄素等。主要危害马、牛、羊等放牧牲畜。牛急性中毒以骨髓损伤和再生障碍性贫血为特征，牛慢性中毒表现为地方性血尿病或膀胱肿瘤；羊中毒表现为视网膜退化、失明及脑灰质软化；单胃动物中毒表现为硫胺素缺乏症。毛轴蕨有致癌性，可引起大鼠和豚鼠消化道、膀胱和乳腺肿瘤。

【**毒性级别**】有毒。

【**用途**】蕨类植物嫩叶（蕨菜）可食用，但如果食用前加工处理不当或长期过量食用会对人的健康造成不良影响。叶及根茎入药，有祛风除湿、解热利尿、驱虫等功效，主治风湿关节痛、疮毒等病症。蕨类植物可作堆肥，提高土壤肥力，改善土壤结构。

第15章

禾本科常见毒害草

醉马芨芨草

【拉丁名】*Achnatherum inebrians*。

【别名】醉马草、醉针茅、醉针草、马尿扫、药老、药草等。

【科属】禾本科芨芨草属多年生草本有毒植物。

【形态特征】须根柔韧，株高 60 ～ 100 cm，秆直立，少数丛生，平滑，通常具 3 ～ 4 节，节下被贴微毛，基部具鳞芽；叶鞘稍粗糙，上部者短于节间，叶鞘口被微毛；叶片质地较硬，直立，边缘卷折，茎生者长 8 ～ 15 cm，基生者长 30 cm；圆锥花序紧密呈穗状，小穗长 5 ～ 6 mm，灰绿色或基部带紫色，成熟后变褐色，具 3 脉；外稃长约 4 mm，背部密被柔毛，顶端具 2 微齿，具 3 脉；内稃具 2 脉，脉间被柔毛；花药长约 2 mm，顶端被毫毛；颖果圆柱形，长约 3 mm；花期 6—7 月，果期 8—9 月。

【分布与生境】分布于河北、内蒙古、宁夏、甘肃、青海、新疆、西藏、四川西部。生长于海拔 1 700 ～ 4 200 m 的山坡砾石地、高山草原或亚高山草原。目前，在新疆天山北坡、甘肃河西走廊、甘肃甘南及青海海北部分退化草地已形成优势种群，对草地畜牧业发展和生态安全带来严重威胁。

【毒性部位】全草，干燥后仍具有毒性。

【**毒性成分与危害**】含麦角新碱、异麦角新碱和麦角酰胺等生物碱，其产生与醉马芨芨草感染禾草内生真菌密切相关。禾草内生真菌具有双重特性，一方面可促进醉马芨芨草生长，增强抗逆性，另一方面可产生麦角类生物碱对放牧牲畜有毒。主要危害马属动物，反刍动物有一定耐受性。牲畜大量采食或误食后可引起急性中毒，主要表现为口吐白沫、肌肉震颤、心跳加快、呼吸迫促、步态蹒跚等神经机能紊乱症状。

【**毒性级别**】有毒。

【**用途**】哈萨克族医者常将其用作药材，有消肿止痛、清热解毒等功效，主治腮腺炎、关节疼痛等病症。醉马芨芨草粗蛋白质含量高达 15%，是一种潜在牧草资源，可在秋季刈割经青贮或氨化脱毒处理后饲喂牲畜。

少花蒺藜草

【**拉丁名**】*Cenchrus pauciflorus*。

【**别名**】草蒺藜、疏花蒺藜草、光梗蒺藜草、刺蒺藜草等。

【**科属**】禾本科蒺藜草属一年生草本有害植物。

【**形态特征**】须根系，根深入土层 5 ～ 20 cm；株高 20 ～ 80 cm，茎圆柱

形，中空，半匍匐状，有明显分节，分蘖力极强，节上可生不定根；叶条状互生，叶鞘具脊，叶舌短，被纤毛；穗状花序顶生，穗轴粗糙，小穗 1～3 枚簇生，外围由不孕小穗愈合而成的刺苞，每个刺苞含 1～3 粒种子；刺苞呈球形，刺苞及刺下部被柔毛，黄色或紫色；小穗卵形，无柄；第 1 颖退化，第 2 颖与第 1 外稃具 3～5 脉；花两性，内外稃成熟时渐渐变硬；颖果呈球形，黄褐色或黑褐色，顶端具残存花柱，背面平坦，腹面凸起；脐明显，深灰色；胚极大，圆形，几乎占颖果整个背面；抽穗期 7—8 月初，8 月末种子成熟。

【分布与生境】原产于北美洲及热带沿海地区，20 世纪 30 年代由日本入侵我国东北，1997 年被我国列入外来入侵植物名录。分布于吉林、辽宁、河北、内蒙古、福建、广东、广西、云南等地。生长于耕地、荒地、路旁、草地、沙丘、河岸或海滨沙地。

【有害部位与危害】成熟植株的刺苞可造成放牧牲畜机械性损伤。幼苗期各种草食动物喜食，结籽成熟期刺苞非常坚硬，牲畜皮肤接触造成机械损伤，引发乳房炎、阴囊炎、蹄夹炎等疾病。牲畜采食成熟刺苞易引起口腔溃疡，附着在消化道壁，被黏膜包入形成结节，影响正常的消化吸收功能，造成畜体消瘦，严重时可造成胃肠穿孔引起死亡。刺苞混入皮毛可降低产品质量。此外，少花蒺藜草生命力极强，一旦传入某地后能迅速繁殖蔓延占据空间，抑制其他植物生长，对地区生态安全和生物多样性带来威胁。

【毒性级别】无毒。

【用途】无。

毒麦

【拉丁名】*Lolium temulentum*。

【别名】黑麦子、苦麦、药麦、麦角菌、小尾巴麦等。

【科属】禾本科黑麦草属一年生草本有毒有害植物。

【形态特征】形似小麦，须根较稀，茎直立，丛生，光滑坚硬；成株秆无毛，3～5节，高20～120 cm，比小麦矮10～15 cm；叶鞘疏松，大部分长于节间，叶舌膜质截平，叶耳狭窄；叶片扁平，质地较薄，长6～40 cm，无毛，顶端渐尖，边缘微粗糙；穗状花序，长5～40 cm，具小穗12～14个，穗轴节间长5～7 mm；小穗具小花2～6朵，小穗轴节间长1～1.5 mm，光滑无毛；颖质地硬，具5～9脉，具狭膜质边缘，颖长8～10 mm；外稃质地薄，基盘小，具5脉，顶端膜质透明，基盘微小，芒近外稃顶端伸出，粗糙；内稃约等长于外稃，脊被微小纤毛；颖果长4～7 mm，为宽的2～3倍；花果期6—7月。

【分布与生境】原产于欧洲地中海地区，20世纪50年代从进口粮食中传入我国，随着农作物种子调运，现已蔓延到东北、华北、华中、西北、西南等广大麦类作物产区，成为麦田常见毒杂草，被列入我国首批外来入侵物种名录。主要混生于麦类作物田，也可生于油菜、亚麻及青稞等夏熟作物田。

【毒性部位】种子，以未成熟种子毒性最强。

【毒性成分与危害】含毒麦碱、黑麦草碱、毒麦灵等生物碱。毒麦碱和黑麦草碱对脑、脊髓等中枢系统及心脏有麻痹作用；毒麦灵具有麻醉和瞳孔散大作用。马、牛、羊、猪、家禽和犬采食一定量毒麦种子均可中毒，马属动物最敏感。马中毒表现为腹痛、趴卧、步态不稳、口吐白沫、流涎、腹泻、气喘、痉挛性抽搐，严重者呼吸衰竭、瞳孔散大、呈昏睡状态。人食用含 4% 毒麦的小麦面粉即可引起急性中毒，表现为恶心、呕吐、腹痛、腹泻、无力、嗜睡、昏迷、发抖、痉挛等症状，终因中枢神经系统麻痹死亡。

【毒性级别】有毒。

【用途】无。

假高粱

【拉丁名】*Sorghum halepense*。

【别名】石茅、约翰逊草、宿根高粱、阿拉伯高粱等。

【科属】禾本科高粱属多年生草本有毒有害植物。

【形态特征】株高 1 ～ 3 m，根状茎，地下横走，茎直立；叶片阔线状披针形，中脉白色厚，叶舌被缘毛；圆锥花序，长 20 ～ 50 cm，淡紫色或紫黑色；分枝轮生，基部被白色柔毛，分枝上生出小枝，小枝顶端着生总状花序；穗轴具关节，纤细，被纤毛；小穗成对，具柄或无柄，有柄小穗较狭，颖片草质，无芒；无柄小穗椭圆形，2 颖片革质，近等长；每小穗具小花 1 朵，第 1 外稃膜质透明，被纤毛，第 2 外稃长约为颖片的 1/3，顶端微 2 裂，主脉由齿间伸出呈小尖头或芒；果实带颖片，椭圆形，暗紫色，光亮，被柔毛；颖果倒卵形或椭圆形，

棕褐色，顶端圆，具 2 枚宿存花柱。

【分布与生境】原产于地中海地区，20 世纪 80 年代随进口粮食传入我国。分布于吉林、河北、山东、安徽、江苏、湖南、广东、广西、福建、贵州、海南等地。生长于热带和亚热带地区的耕地，侵害谷类、甘蔗、棉花、麻类及大豆等旱地作物，使农作物减产。仅在美国由于假高粱侵扰，可使甘蔗产量减产 25% ~ 50%、大豆减产 23% ~ 42%、玉米减产 12% ~ 33%、棉花减产 50%。目前，被列入世界十大恶性杂草，也被列入我国首批外来入侵物种名录，是我国禁止输入的检疫性有害生物。

【毒性部位】幼苗和嫩芽，特别是再生苗毒性大，随着植株的成熟毒性减弱。

【毒性成分与危害】幼苗和嫩芽富含氰苷。动物采食后氰苷在胃酸作用下水解为剧毒氢氰酸引起中毒。

【毒性级别】有毒。

【用途】假高粱蛋白质含量为 14% ~ 17%，饲用价值与苏丹草相当，可作为饲草利用。

互花米草

【拉丁名】*Spartina alterniflora*。

【别名】无。

【科属】禾本科米草属多年生草本有害植物。

【形态特征】根系发达，密布地下土层 30 cm，有时深 50 ～ 100 cm；株高 1 ～ 3 m，茎秆坚韧，直立；茎节具叶鞘，叶腋有腋芽；叶互生，长披针形，具盐腺；圆锥花序，长 20 ～ 45 cm，具穗形总状花序 10 ～ 20 个，具小穗 16 ～ 24 个，小穗侧扁；两性花；子房平滑，两柱头长，呈白色羽毛状；雄蕊 3，花药成熟时纵向开裂，花粉黄色；颖果长 0.8 ～ 1.5 cm，胚呈浅绿色或蜡黄色；种子成熟期 8—12 月。

【分布与生境】原产于北美洲和南美洲的大西洋沿岸，生长于滩涂湿地或入海河口，因具有很强的耐盐碱、耐淹及抗风浪能力，1979 年引入我国，用于抵御台风、保滩护岸。互花米草繁殖能力强，种子或植株可随风浪四处漂流，条件适宜即能生长，之后在各地迅速繁殖扩张，目前，已在福建、浙江、上海、江苏、山东、天津、辽宁等地的沿海地区，特别是东部沿海迅猛暴发，被列入我国首批外来入侵物种名录。

【危害】属有害植物，近年在我国沿海地区泛滥成灾，造成严重生态灾害。互花米草是我国引入的外来物种，在引进初期曾取得了一定的经济效益，但近年来在我国沿海地区泛滥成灾。主要表现为破坏近海生物栖息环境，影响滩涂养殖；堵塞航道，影响船只出港；影响海水交换能力，导致水质下降，并诱发赤潮；威胁本土海岸生态系统，致使大片盐沼植物消失。

【毒性级别】无毒。

【用途】可用于海挡护堤工程，对防浪、保滩、护堤具有明显作用。互花米草营养比较丰富，是一种可利用的牧草资源，可作为猪、鸡及家兔饲料利用。研究发现互花米草总黄酮具有提高免疫力、降血脂、抗炎等药理活性。

第 **16** 章

萝藦科常见毒害草

牛心朴子

【拉丁名】*Cynanchum komarovii*。

【别名】老瓜头、牛心草、芦心草、黑心脖子、华北白前。

【科属】萝藦科鹅绒藤属多年生半灌木有毒植物。

【形态特征】根须状，株高达 50 cm，直立，全株无毛；叶对生，狭椭圆形，近无柄；伞形聚伞花序近顶部腋生，具花 10 朵；花萼 5 深裂，裂片矩圆状三角形，两面无毛；花冠紫红色，花冠 5 裂，矩圆形；花粉块每室 1 个，下垂；子房坛状，柱头扁平；菁葵果单生，匕首形，顶端喙状渐尖；种子扁平，顶端被白绢质种毛；花期 6—7 月，果期 8—9 月。

【分布与生境】分布于内蒙古、山西、陕西、甘肃、宁夏、青海、新疆等地，在西北鄂尔多斯高原毛乌素沙漠、河套平原以西腾格里沙漠和乌兰布和沙漠已形成优势种群。属旱生沙生植物，多生长于荒漠半荒漠地区的半固定沙丘、沙地和沙化草地及荒漠戈壁。

【毒性部位】全草。

【毒性成分与危害】含娃儿藤碱、娃儿藤次碱及脱甲氧基娃儿藤碱等多种生物碱。对各种放牧牲畜均有毒性，但主要危害骆驼。春季若遇干旱年份，草场可食牧草缺乏，骆驼常处于半饥饿状态时被迫采食引起中毒，主要表现为意识扰乱、流涎、腹泻、瞳孔散大。小鼠毒性试验表明，肝脏和肾脏为主要靶器官，生物碱口服 LD_{50} 为 164 mg/kg。

【毒性级别】有毒。

　　【用途】蜜源植物，或防风固沙植物修复荒漠化草地，恢复草原植被。牛心朴子生物碱杀虫活性强，可作为植物源性农药开发利用。现代药理研究发现，牛心朴子有抗菌、消炎、镇痛、止咳、平喘、增强免疫力、抗肿瘤等活性，可作为药用植物资源利用。

地梢瓜

【拉丁名】*Cynanchum thesioides*。

【别名】地梢花、羊不奶棵、地瓜瓢、驴奶头、羊奶草等。

【科属】萝藦科鹅绒藤属多年生草本有毒植物。

　　【**形态特征**】地下茎单轴横生，株高约 20 cm，茎直立或斜升，多分枝，密被柔毛，有白色汁液；叶对生或近对生，线形或线状披针形，先端尖，基部稍狭，全缘，叶背中脉隆起；伞形聚伞花序腋生；小聚伞花序具花 2 朵，花萼裂片披针形，被微柔毛及缘毛；花冠钟形，白色，副花冠浅筒形，上部 5 裂，裂片与花冠裂片互生；雄蕊 5，花丝短；心皮 2，分离；蓇葖果纺锤形，两端短尖，中部宽大；种子卵圆形，暗褐色；花期 5—8 月，果期 8—10 月。

　　【**分布与生境**】分布于东北、华北、华中、西北地区。生长于海拔 200 ～ 2 000 m 的山坡草地、沙丘、干旱山谷或田边荒地，喜沙质和砂砾质土壤。

　　【**毒性部位**】全草。

　　【**毒性成分与危害**】含地梢瓜苷、槲皮素、柽柳素、阿魏酸等，有毒成分不清楚。放牧牲畜适量采食不会引起中毒。地梢瓜茎纤细，质地柔软，新鲜时骆驼、山羊和绵羊等喜欢采食，尤其是幼嫩果实。

　　【**毒性级别**】小毒。

　　【**用途**】全草及果实入药，有补肺气、清热降火、生津止渴、消炎止痛等功效，主治咽喉痛、神经衰弱、气阴不足、虚烦口渴、头昏失眠、产后体虚、乳汁不足等病症。幼果可食，经人工驯化可作为特色蔬菜。全草含橡胶 1.5%、树脂 3.6%，可作为工业原料。

萝藦

【拉丁名】*Metaplexis japonica*。

【别名】白环藤、羊婆奶、婆婆针落线包、羊角等。

【科属】萝藦科萝藦属多年生有毒植物。

【形态特征】草质藤本，长达 8 m，有白色汁液；茎圆柱状，下部木质化，上部较柔韧，表面淡绿色，具纵条纹，幼时密被短柔毛，老时被毛渐脱落；地下茎易繁殖，地上茎常缠绕其他植物或物体生长；叶对生，膜质，卵状心形，先端锐尖，基部心形；叶柄长，顶端具丛生腺体；总状聚伞花序腋生或腋外生，总花梗长 3～9 cm，被短柔毛；花多数，密生于顶端，具小梗，基部被披针形小苞片；花萼绿色，5 深裂，裂片狭披针形，先端尖；花冠白色，具淡紫红色斑纹，裂片披针形，反卷，内面密被细毛；副花冠低，呈环形；雄蕊 5，花药箭形，先端被心形薄膜；雌蕊 1，子房上位，由 2 个离生心皮组成，花柱 2，合成柱状，伸出，柱头 2 裂；蓇葖果叉生，呈角状，成熟时淡褐色，平滑，顶端急尖，基部膨大；种子多数，扁平卵圆形，褐色，边缘呈翅状，顶端被白色绢质种毛；花期 7—8 月，果期 9—10 月。

【分布与生境】分布于东北、华北、华东及甘肃、陕西、贵州等地。生长于林缘荒地、路旁灌丛、山坡或河边，常攀爬在其他植物或物体上。

【毒性部位】全草。

【毒性成分与危害】含生物碱、甾体、萜类及黄酮类等，主要有毒成分是生物碱。新鲜时牲畜喜欢采食，尤其是幼嫩果实，适量采食不会引起中毒。

【毒性级别】小毒。

【用途】全草及果实入药，有性温、益气、通乳、解毒等功效，主治劳伤虚弱、跌打损伤、风湿性关节炎、小儿疳、蛇咬疔疮等病症。萝藦为藤蔓植物，可塑性强，可作为庭院、篱笆墙及花廊等处垂直绿化植物。萝藦嫩果可食用，茎皮纤维可作为人造棉或造纸材料。

杠柳

【拉丁名】*Periploca sepium*。

【别名】羊奶子、羊奶条、北五加皮、羊角桃等。

【科属】萝藦科杠柳属多年生灌木有毒植物。

【形态特征】落叶缠绕，株高 1～4 m，有汁液，主根圆柱形，灰褐色，内皮淡黄色；茎黄褐色，小枝对生，具纵细条纹及圆点状皮孔；叶对生，膜质，叶片披针形或长圆状披针形，先端渐尖，基部楔形，全缘，羽状网脉较细密；聚伞花序腋生或顶生，花数朵，苞片对生；花萼裂片三角状卵形，花冠紫色，辐射状；花冠外面绿黄色，里面紫红色，深 5 裂，裂片矩圆形，向外反卷，边缘密被白色茸毛；雄蕊 5，连合呈圆锥状，被毛，包围雌蕊；子房上位，心皮 2，柱头合生；蓇葖果近圆柱状，两果相对，弯曲，顶端相连；种子扁，狭纺锤形，黑褐色，顶端丛生白色长毛；花期 5—6月，果期 7—9 月。

【分布与生境】分布于东北、华北、西北、华东及河南、贵州、四川等地。生长于黄土丘陵、干旱山坡、固定或半固定沙丘。

【毒性部位】根皮。

【毒性成分与危害】含杠柳毒苷、杠柳苷等甾体强心苷。在荒漠半荒漠草原，放牧牲畜常因饥饿而啃食大量树皮后引起中毒，出现呕吐、腹痛、腹泻，继而四肢麻木、呼吸急促、昏迷，几小时后死亡。在我国北方将杠柳根皮称"北五加皮"，泡酒饮用，若过量或久服可引起人中毒。

【毒性级别】有毒。

【用途】根皮入药，有祛风湿、壮筋骨、强腰膝等功效，主治风湿性关节炎、筋骨软弱、筋骨疼痛、下肢浮肿等病症。根皮可作为植物源性农药利用。杠柳根系发达，耐干旱，无性繁殖能力强，可作为防风固沙和水土保持树种。

第 **17** 章

蒺藜科常见毒害草

骆驼蓬

【拉丁名】*Peganum harmala*。

【别名】臭古朵、臭古都、苦苦莱、老哇爪、臭草等。

【科属】蒺藜科骆驼蓬属多年生草本有毒植物。

【形态特征】株高 30 ～ 70 cm，无毛，根多数；茎直立或开展，基部多分枝；叶互生，卵形，全裂为 3 ～ 5 条形或披针状条形裂片；花单生于枝顶端，与叶对生；萼片 5，裂片条形，有时顶端分裂；花瓣黄白色，倒卵状矩圆形；

雄蕊 15，花丝近基部宽展；子房 3 室，花柱 3；蒴果近球形，稍扁，种子三棱形，黑褐色，表面被小瘤状突起；花期 6—7 月，果期 8—9 月。

【分布与生境】分布于内蒙古、陕西、宁夏、甘肃、青海、西藏、新疆等地。生长于海拔 1 000 ～ 3 600 m 的干旱草地、盐渍化沙地、荒漠戈壁或河谷沙丘。目前，骆驼蓬在内蒙古巴彦淖尔和阿拉善、陕西北部榆林、甘肃河西走廊、新疆等荒漠化草地已形成优势种群，危害草地畜牧业发展和草原生态安全。

【毒性部位】全草。

【毒性成分与危害】含骆驼蓬碱、去氢骆驼蓬碱等生物碱。新鲜时气味特殊，放牧牲畜一般不采食，枯萎后可少量采食，若采食过量可引起中毒，主要表现为中枢神经系统兴奋症状。初期病畜出现幻觉、呕吐、流涎；中期全身震颤、眼球突出、心跳加快、呼吸急促；后期心肺功能衰弱，终因衰竭死亡。妊娠母畜采食可引起流产、死胎或弱胎，影响繁殖。

【**毒性级别**】有毒。

【**用途**】全草入药，有止咳平喘、祛风除湿、止痒消肿等功效，主治咳嗽气喘、风湿痹痛、皮肤瘙痒、气管炎、风湿性关节炎等病症。现代药理研究表明，骆驼蓬生物碱有抗肿瘤和促进胰岛 β 细胞增殖活性，对胃癌、食管癌等消化道肿瘤和糖尿病有治疗作用。用骆驼蓬种子总生物碱制成的中药制剂骆驼蓬片，在临床上用于食管癌、胃癌等消化道肿瘤的治疗。

骆驼蒿

【**拉丁名**】*Peganum nigellastrum*。

【**别名**】匍根骆驼蓬、臭草、臭牡丹、沙蓬豆豆等。

【**科属**】蒺藜科骆驼蓬属多年生草本有毒植物。

【**形态特征**】株高 20 ～ 70 cm，密被短硬毛；茎直立或开展，基部多分枝；叶二至三回深裂，裂片条形，先端渐尖；花单生于茎顶端或叶腋，花梗被硬毛；萼片 5，披针形，长达 1.5 cm，5 ～ 7 条状深裂，裂片长约 1 cm，宽约 1 mm，宿存；花瓣淡黄色，倒披针形，长 1.2 ～ 1.5 cm；雄蕊 15，花丝基

部扩展；子房3室；蒴果近球形，黄褐色；种子多数，纺锤形，黑褐色，表面具瘤状突起；花期6—7月，果期7—9月。

【分布与生境】分布于内蒙古、河北北部、山西北部、陕西北部、宁夏、甘肃等地。生长于海拔1 000～2 500 m的沙质或砾质地、山前平原、丘间低地、固定或半固定沙地。

【毒性部位】全草。

【毒性成分与危害】含骆驼蓬碱、去氢骆驼蓬碱及去甲氧基骆驼蓬碱等生物碱。新鲜时气味特殊，放牧牲畜一般不采食，枯萎或霜打后可少量采食，但若采食过量可引起中毒，主要表现为中枢神经系统兴奋症状。

【毒性级别】有毒。

【用途】全草及种子入药，有清热、消炎、祛湿、杀虫等功效，主治风湿痹痛、关节炎、支气管炎、筋骨酸痛及咳嗽气喘等病症。现代药理研究证明，骆驼蒿所含生物碱有抗癌作用。

多裂骆驼蓬

【拉丁名】*Peganum multisectum*。

【别名】匍根骆驼蓬、苦苦菜。

【科属】蒺藜科骆驼蓬属多年生草本有毒植物。

【形态特征】幼嫩时被毛，茎平卧，长30～80 cm；叶二至三回深裂，基部裂片与叶轴近垂直，裂片长 6 ～ 12 mm，宽 1 ～ 1.5 mm；萼片 3 ～ 5 深裂；花瓣淡黄色，倒卵状矩圆形，长 10 ～ 15 mm，宽 5 ～ 6 mm；雄蕊 15，短于花瓣，基部宽展；蒴果近球形，顶端平扁；种子多数，呈三角形，稍弯，黑褐色，表面具小瘤状突起；花期 5—7 月，果期 6—9 月。

【分布与生境】分布于陕西北部、内蒙古西部、宁夏、甘肃、青海、新疆等地。生长于海拔 960 ～ 3 200 m 的干旱荒漠、沙地、黄土山坡或荒地。

【毒性部位】全草，开花期茎叶毒性较大。

【毒性成分与危害】含骆驼蓬碱和去氢骆驼蓬碱等多种生物碱。这类生物碱对人及动物的中枢神经系统和心血管系统产生影响。对大脑皮层及运动中枢等有兴奋作用，可引起幻觉、震颤、阵发性惊厥等；对呼吸系统及心脏系统有抑制作用，导致血压下降而死亡。青绿时有特殊气味，放牧牲畜一般不愿采食，骆驼喜食，霜降后气味减弱，牛羊等牲畜喜欢采食，但若采食过量可引起中枢神经兴奋症状。

【毒性级别】有毒。

【用途】全草和种子入药，有宣肺止咳、祛湿消肿及止痛等功效，主治咳嗽气喘、风湿痹痛及皮肤瘙痒等病症；民间用多裂骆驼蓬水煮液喷洒植物可治蚜虫，现代药理研究表明，多裂骆驼蓬乙醇提取物对棉蚜、斑蚜、山楂叶螨及菜青虫等常见昆虫有触杀和胃毒活性；多裂骆驼蓬盛花期茎叶粗蛋白质高达 24.73%，此时气味特殊，牲畜不采食，但若刈割调制成青干草作为饲草储备，对干旱半干旱及荒漠半荒漠地区抗灾保畜有重要意义。

蒺藜

【拉丁名】*Tribulus terrester*。

【别名】白蒺藜、野菱角、蒺藜拘子、刺蒺藜等。

【科属】蒺藜科蒺藜属一年生草本有毒植物。

【形态特征】茎平卧，由基部生出多数分枝，枝长 20 ～ 60 cm，表面有纵纹，密被灰白色柔毛；偶数羽状复叶，长 1.5 ～ 5 cm；小叶对生，3 ～ 8 对，矩圆形或斜短圆形，先端锐尖或钝，基部稍偏科，被柔毛，全缘；花腋生，花梗短于叶，黄色；萼片 5，宿存；花瓣 5；雄蕊10，生于花盘基部，基部具鳞片状腺体，子房 5 棱，柱头 5 裂，每室具胚珠 3 ～ 4 颗；果五角形，果瓣5，无毛或被毛，中部边缘具锐刺 2枚，下部具小锐刺 2 枚，其余部位具小瘤体；成熟时分离，每分果含种子 2 ～ 3 粒；花期 5—7 月，果期8—9 月。

【分布与生境】分布于全国各地。生长于沙地、荒地、山坡、旷野、田间或路旁等。

【毒性部位】全草。

【毒性成分与危害】含刺蒺藜苷及紫云英苷等光敏物质。放牧牲畜采食开花期植株后，经日光照射可发生头面部及耳四肢无毛处发热、肿胀、发痒、起疱等感光过敏症状，俗称"头黄肿病"或"大头病"。1984 年 8 月内蒙古赤峰敖汉种羊场曾发生绵羊蒺藜中毒事件，480 只 6 ～ 7 月龄育成绵羊有 42 只绵羊发病，表现为耳和面部红肿、痒痛、不安、摇头擦痒，重者表现为两耳肿大下垂、眼睑及面部肿胀、畏光流泪、呼吸困难。

【**毒性级别**】小毒。

【**用途**】果实入药，有平肝解郁、活血祛风、明目止痒等功效，主治头痛眩晕、胸胁胀痛、乳闭乳痈、风疹瘙痒等病症。现代药理研究表明，蒺藜有抗衰老、壮阳、降血糖及抗氧化等多种药理活性。

第 **18** 章

瑞香科常见毒害草

阿尔泰假狼毒

【拉丁名】*Diarthron altaicum*。

【别名】无。

【科属】瑞香科草瑞香属多年生直立草本有毒植物。

【形态特征】株高 20 ～ 50 cm；根茎木质，少分枝，褐色；茎单一，直立，不分枝，基部稍木质，具多数叶痕迹；叶密，散生，草质，椭圆形，先端钝或急尖，基部楔形，全缘，两面绿色，无毛，中脉明显，叶柄短；花红色，芳香，穗状花序密集；花萼筒状细圆形，无毛，裂片4，宽披针形，先端渐尖；雄蕊8，2轮，着生于花萼筒中部以上，花丝短，花药长，长圆形，顶端和基部凹陷；花

盘偏斜，全缘，子房椭圆形，具柄，顶端被毛，花柱长，柱头球状；坚果梨形，无毛，暗绿色，藏于花被中；花期5—6月，果期7—8月。

【分布与生境】分布于新疆阿勒泰西部哈巴河和伊犁昭苏等地。生长于海拔 1 000 ～ 2 100 m 的低山带干旱山坡、高山草甸或丘陵灌丛。

【毒性部位】全草。

【毒性成分与危害】化学成分研究表明，含黄酮、萜类、香豆素及内酯类，毒性成分不清楚。对各种放牧牲畜均有毒性，误食或饥饿被迫采食可引起中毒。

【毒性级别】有毒。

【用途】根入药，入心经和肺经，有逐水祛痰、破积杀虫功效，主治水肿腹胀、咳嗽痰喘、虫积引起的心腹疼痛等病症。

天山假狼毒

【拉丁名】*Diarthron tianschanicum*。

【别名】无。

【科属】瑞香科草瑞香属多年生直立草本有毒植物。

【形态特征】株高 15 ～ 30 cm；主根木质，肥大，根皮淡棕褐色；茎直立，不分枝，草质或稍木质，无毛；叶散生，草质，长圆状椭圆形至长椭圆形，边缘全缘，不反卷或有时微反卷，中脉明显，两面扁平或下面稍隆起，侧脉 3 ～ 5 对；花淡粉红色，多花组成头状或短穗状花序，顶生，无苞片；花萼筒漏斗状圆筒形，花后在子房上部收缩，具关节，裂片 4，长卵形或卵状披针形；雄蕊 8，2 轮，着生于花萼筒关节之上；花盘环状，边缘宽凸起，牙齿状；子房椭圆形或近长圆形；坚果绿色，椭圆形，包于宿存萼筒基部；花期 6 月，果期 8 月。

【分布与生境】分布于新疆伊犁昭苏、喀什乌恰。生长于海拔 1 700 ～ 3 400 m 的高山草甸或山坡草地。

【毒性部位】全草。

【毒性成分与危害】化学成分研究表明，含生物碱、木脂素类、黄酮类、萜类及酚类等，毒性成分不清楚。对各种放牧牲畜均有毒性。全草枝密柔软，易被牲畜误食引起中毒，主要表现为呕吐、腹痛，严重者导致死亡。

【毒性级别】有毒。

【用途】根入药，有祛痰、消积、止痛等功效，主治咳嗽、哮喘、支气管炎、淋巴结核、疮癣等病症。

瑞香狼毒

【拉丁名】*Stellera chamaejasme*。

【别名】狼毒、馒头花、胭脂花、断肠草、拔萝卜、火柴头花等。

【科属】瑞香科狼毒属多年生草本有毒植物。

【形态特征】根茎木质，粗壮，圆柱形，株高 20 ～ 50 cm，不分枝或分枝；茎直立，丛生，不分枝，纤细，绿色，有时紫色，无毛，草质，基部木质化，有时具棕色鳞片；单叶互生，稀对生或近轮生，披针形或椭圆状披针形，先端渐尖或急尖，稀钝形，基部圆形至钝形或楔形，全缘；皮部类白色，木部淡黄色；多花的头状花序顶生，圆球形，花萼筒细瘦，背面红色或黄色，腹面白色或黄色，顶端 5 裂；雄

蕊 10，呈 2 列着生于喉部；子房上位，上面密被细毛，花柱短，柱头头状；果实圆锥形，上部或顶部被灰白色柔毛，被宿存花萼筒包围；种皮膜质，淡紫色；花期 6—7 月，果期 7—8 月。

【分布与生境】分布于华北、西北、西南地区，在内蒙古、甘肃、青海、西藏、四川天然退化草原已形成优势种群，危害草原畜牧业和生态安全。生长于海拔 1 600～4 600 m 的草甸草原、高寒草甸、砾石戈壁、荒地或丘陵。

【毒性部位】全草，根毒性最大。

【毒性成分与危害】含狼毒素及异狼毒素等黄酮类化合物和毒性蛋白，主要毒性成分是异狼毒素和毒性蛋白。根茎及叶分泌白色汁液，人和动物接触可引起过敏性皮炎。放牧牲畜一般不采食，但春季幼苗期因贪青或饥饿误食引起中毒，主要表现为流涎、呕吐、腹痛、腹泻、粪便出血、呼吸迫促、全身痉挛，重者衰竭死亡。

【毒性级别】大毒。

【用途】根入药，有祛痰、消积、止痛、杀虫、逐水等功效，外敷治疥癣。现代药理研究，具有抗肿瘤、抗惊厥、抗癫痫及杀虫等多种活性，狼毒软膏、狼毒菌一净等已进入临床。可作为植物源农药开发杀虫剂，防治农作物病虫害。根及茎皮含纤维可造纸，制作的"狼毒纸"防虫蛀鼠咬、不易腐烂撕裂。花冠球形，可作为观赏草发展草原旅游业。

第 **19** 章

唇形科常见毒害草

密花香薷

【拉丁名】*Elsholtzia densa*。

【别名】咳嗽草、野紫苏、臭香茹、臭香薷等。

【科属】唇形科香薷属一年生草本有毒有害植物。

【形态特征】株高 20 ～ 60 cm；茎直立，四棱形，被短柔毛；叶长圆状披针形至椭圆形，侧脉 6 ～ 9 对；穗状花序长圆形或近圆形，密被紫色串珠状柔毛，轮伞花序密集；花淡紫色，萼齿 5，前 2 枚较短，外面及边缘密被紫色串珠状柔毛；雄蕊 4，前对较长，微外露；花柱外露，丝状，先端等 2 裂；花盘基部 4 浅裂；坚果小，灰褐色，近卵圆形，外面被微柔毛；花期 7—8 月，果期 9—10 月。

【分布与生境】分布于辽宁、河北、山西、陕西、甘肃、青海、西藏、新疆、四川北部，在四川西北部退化草地已形成明显种群优势，危害草地畜牧业发展和生态安全。生长于海拔 1 000 ～ 4 100 m 的高山草甸、林缘、河边或山坡荒地。

【毒性部位】全草。

【毒性成分与危害】含大根香叶烯、D-柠檬烯、石竹烯等挥发性成分。密花香薷新鲜时有特殊气味，放牧牲畜一般不采食，误食后因其本身毒性小，动物仅表现为厌食，干枯后可少量采食。但由于种子传播快，很容易在草地、灌丛、垮岩地形成优势种群，与可食牧草竞争，造成可食牧草种类和产量减少，被列为草原有害植物。

【**毒性级别**】小毒。

【**用途**】全草入药，有利尿消肿、发汗解暑等功效，主治夏季感冒、发热无汗、中暑等病症，藏医用全草治胃病、疮疥、病毒性喉炎，并能驱虫。密花香薷花期长，花蜜、花粉丰富，是我国秋季重要的蜜源植物。密花香薷全株可提取芳香油，种子可榨油，油饼可食或作饲料。

紫苏

【**拉丁名**】*Perilla frutescens*。

【**别名**】白苏、野苏麻、白苏子、玉苏子、苏梗等。

【**科属**】唇形科紫苏属一年生草本有毒植物。

【**形态特征**】株高 0.5～2 m；茎直立，四棱形，具 4 槽，密被长柔毛；叶对生，叶柄长 3～5 cm，先端短尖或突尖，基部圆形或阔楔形，边缘具粗锯齿；轮伞花序具 2 朵花，密被长柔毛，偏向一侧顶生及腋生总状花序；苞片宽卵圆形或近圆形，外被红褐色腺点，边缘膜质；花梗密被柔毛；花萼钟形，10 脉，下部被长

柔毛；花冠白色或紫色；雄蕊 4，离生，着生于花冠喉部，花药 2 室；花柱先端 2 浅裂；坚果小，近球形，具网纹；花期 6—7 月，果期 7—8 月。

【分布与生境】分布于江苏、安徽、浙江、福建、湖北、四川、云南、贵州等地。生长于田埂、路旁、山坡、溪边与水库周围，以及村前、屋后、树林等潮湿背阴地带。

【毒性部位】全草。

【毒性成分与危害】含紫苏醛、紫苏酮及香薷酮等挥发性成分。主要危害水牛和黄牛，采食或误食后引起严重的肺充血、肺水肿以及脑和脑膜充血，出现以特异性肺水肿为特征的中毒症状，常导致急性窒息或心力衰竭而死亡。动物试验证明，25 mg/kg 紫苏酮羊肺血液灌流，可增加肺微血管渗透性，使肺血管外分泌物增多，出现严重肺水肿。

【毒性级别】有毒。

【用途】全草入药，有散寒解表、理气宽中、镇咳镇痛等功效，主治风寒感冒、头痛、咳嗽、胸腹胀满等病症。紫苏是一种油料作物，种子含油率 30% ～ 51%，含饱和脂肪酸、油酸和亚麻酸等，可供食用、防腐或工业用油。叶片有特殊芳香气味，在庭园栽培，既可作为观赏植物，也可采摘食用。

草原糙苏

【拉丁名】*Phlomoides pratensis*。

【别名】无。

【科属】唇形科糙苏属多年生草本有毒有害植物。

【形态特征】茎简单或具分枝，四棱形，具槽，下部及花序下面被长柔毛，其余部分被星状疏柔毛及单毛；基生叶及下部茎生叶，心状卵圆形或卵状长圆形，先端急尖或钝，基部浅心形，边缘具圆齿；茎生叶上部苞叶卵状长圆形，向上渐变小，边缘具牙齿，被疏柔毛或混生星状疏柔毛；轮伞花序多花，具短总梗或近无梗；苞片在基部彼此接连，线状钻形，与花萼等长或较之为短，被星状或成束疏柔毛；花萼管状，具粗脉，被单生及星状疏柔毛，齿微缺；花冠紫红色，冠筒外面下部无毛，其余部分被长柔毛，冠檐外被长柔毛，上唇边缘具不整齐锯齿状；后对雄蕊花丝基部在毛环上具下弯附属器，花药微伸出于花冠；坚果小，无毛；花期7—8月，果期9—10月。

【分布与生境】分布于四川、贵州、内蒙古、甘肃、青海、新疆，在新疆退化草地已形成明显种群优势，危害草地畜牧业发展和生态安全。生长于海拔 1 500 ～ 2 550 m 的亚高山草原、林缘或山坡荒地。

【毒性部位】全草。

【毒性成分与危害】含挥发性成分。新鲜时有特殊气味，放牧牲畜一般不采食，误食后因其本身毒性小，动物仅表现为厌食，秋季霜打后适口性好，放牧牲畜喜食。但由于种子传播快，很容易在草地、灌丛、林缘形

成优势种群，与可食牧草竞争，造成可食牧草种类和产量减少，被列为草原有害植物。

【**毒性级别**】小毒。

【**用途**】根和全草入药，有祛风活络、强筋壮骨、清热消肿、止血生肌等功效，主治感冒咳嗽、支气管炎、肺炎、风湿关节痛，跌打损伤、疮烂久溃不愈等病症。夏季开花时在草原形成大片景观，可作为观赏草发展草原旅游业。

第**20**章

鸢尾科常见毒害草

马蔺

【拉丁名】*Iris lactea*。

【别名】马莲、马帚、箭秆风、兰花草、马兰花、马兰等。

【科属】鸢尾科鸢尾属多年生密丛草本有毒植物。

【形态特征】根状茎粗壮，包有红紫色老叶残留纤维，斜伸；叶基生，灰绿色，质坚韧，线形，无明显中脉；花茎高 3～10 cm；苞片 3～5，草质，绿色，边缘膜质，白色，包 2～4 朵花；花蓝紫色或乳白色，花被筒短，具较深色的条纹；外花被裂片倒披针形，内花被裂片窄倒披针形；雄蕊长，花药黄色，子房纺锤形；蒴果长椭圆状柱形，具短喙；种子多面体，棕褐色，具光泽；花期 5—6 月，果期 7—9 月。

【分布与生境】分布于东北、华北、华中、西北、西南地区，在过度放牧的盐碱化草地已形成明显种群优势，成为草地退化的指示性植物。生长于山坡荒地、山坡草地、灌丛或沙化盐碱地。

【毒性部位】全草，尤以种子毒性较大。

【毒性成分与危害】含黄酮类、苯醌类及低聚芪类化合物，马蔺子素等苯醌类化合物可能是其主要毒性物质。马蔺新鲜时味苦，放牧牲畜一般不采食，因饥饿被迫采食或误食可引起中毒。秋冬季节枯萎后，苦味减轻，牲畜可少量采食。

【毒性级别】有毒。

【用途】全草入药，有清热解毒、利尿通淋、活血消肿等功效，主治喉痹、淋浊、关节痛、痈疽恶疮等病症。种子含有马蔺子素，可用作口服避孕药。现代药理学研究表明，马蔺在放射增敏性、抗生育、增强免疫、抗癌及糖脂代谢等方面有良好活性。马蔺耐盐碱、耐践踏，根系发达，可作为水土保持和改良盐碱物种。叶坚韧而细长，并可供造纸及编织用。花期花色艳丽，一些地方作为观赏草发展草原旅游业。

鸢尾

【拉丁名】*Iris tectorum*。

【别名】屋顶鸢尾、蓝蝴蝶、蝴蝶花、扁竹花等。

【科属】鸢尾科鸢尾属多年生宿根草本有毒植物。

【形态特征】直立，株高 30～50 cm，根状茎匍匐多节，粗而节间短，浅黄色；叶基生，宽剑形，宽 2～4 cm，长 30～45 cm，无明显中脉，质薄，淡绿色，2 纵列交互排列，基部互相包叠；总状花序 1～2 枝，每枝具花 2～3 朵；花蝶形，花冠蓝紫色或紫白色；外列花被具深紫色斑点，中央面具鸡冠状白色带紫纹突起；雄蕊 3，与外轮花被对生；花柱三歧，扁平如花瓣，覆盖雄蕊；子房纺锤状柱形；蒴果长椭圆形，具 6 棱，种子梨形，黑褐色；花期 4—6 月，果期 6—8 月。

【分布与生境】分布于云南、四川、

贵州、陕西、甘肃、青海、湖北、安徽等地。生长于海拔 500 ～ 3 800 m 的向阳坡地、水边湿地、灌木林缘潮湿地或栽培于庭院。

【**毒性部位**】全草，以根茎和种子较毒。

【**毒性成分与危害**】含鸢尾苷、鸢尾新苷、鸢尾酮苷、草夹竹桃苷等黄酮苷类成分。新鲜时根茎毒性较大，放牧牲畜一般不采食，误食或饥饿被迫采食可引起腹泻、呕吐、腹痛等消化器官功能紊乱。

【**毒性级别**】有毒。

【**用途**】根茎入药，有活血祛瘀、祛风利湿、解毒消积等功效，主治跌打损伤、风湿疼痛、咽喉肿痛、食积腹胀、疟疾等病症。鸢尾叶片碧绿色，花型大而美丽，宛若翩翩彩蝶，观赏价值高，可作为观赏草发展草原旅游业。

细叶鸢尾

【**拉丁名**】*Iris tenuifolia*。

【**别名**】老牛拽、丝叶马蔺、细叶马蔺等。

【**科属**】鸢尾科鸢尾属多年生密丛草本有毒植物。

【**形态特征**】植株基部宿存老叶叶鞘；根坚硬，细长，分枝少；叶质坚韧，丝状或线形，长 20 ～ 60 cm，宽 1.5 ～ 2 mm，扭曲，无明显中脉；花茎短，不伸出地面；

苞片 4 枚，膜质，披针形，长 5 ～ 10 cm，宽 8 ～ 10 mm，顶端长渐尖或尾状尖，内包 2 ～ 3 朵花；花蓝紫色，花梗细，花被管长，外花被裂片匙形，爪部较长，中央下陷呈沟状，内花被裂片倒披针形，直立；雄蕊长，花丝与花药近等长；花柱分枝长，顶端裂片狭三角形，子房细圆柱形；蒴果倒卵圆形，长 3 ～ 5 cm，顶端具短喙，成熟时沿室背开裂；花期 4—5 月，果期 8—9 月。

【分布与生境】分布于东北、华北、西北、西南地区。生长于灌木林缘、阳坡山地、水边湿地、固定沙丘或沙质地。

【毒性部位】全草，以根茎和种子毒性较大。

【毒性成分与危害】含黄酮类、萜类及苯醌类等成分，毒性成分不清楚。新鲜时味苦，放牧牲畜一般不采食，因饥饿被迫采食或误食可引起中毒。秋冬季节枯萎后，苦味减轻，牲畜可采食。

【毒性级别】小毒。

【用途】根茎及种子入药，有安胎养血功效，蒙药主治妊娠出血、胎动不安、崩漏等病症。叶可制绳索或脱胶后制麻。植株低矮美观，花色奇特，可作为观赏草发展草原旅游业。细叶鸢尾根系发达，耐盐碱、耐干旱、适应性广，可作为滩涂地、盐碱地或退化草地修复植物材料利用。

第 **21** 章

藜科常见毒害草

无叶假木贼

【拉丁名】*Anabasis aphylla*。

【别名】毒藜、无叶毒藜、青藜等。

【科属】藜科假木贼属多年生半灌木有毒植物。

【形态特征】株高 5 ～ 60 cm，根粗壮，黑褐色；茎木质，多分枝，小枝灰白色，常具环状裂隙，当年枝黄绿色，通常具 4 ～ 8 节间，节间平滑或具乳头状突起，分枝或不分枝，直立或斜上；叶不明显或三角形鳞片状，先端无刺尖；花 1 ～ 3 朵着生于叶腋，于枝顶端集成穗状花序；小苞片短于花被，边缘膜质；外轮 3 个花被片近圆形，淡黄色或粉红色；内轮 2 个花被片椭圆形，无翅或具较小的翅；胞果果皮肉质，暗红色，无毛；种子暗褐色，近圆形；花期 7—8 月，果期 9—10 月。

【分布与生境】分布于内蒙古西部、甘肃西部、青海西部、新疆等地，在新疆准噶尔盆地西南部和天山南麓山坡冲积扇已形成种群优势。生长于海拔 330 ～ 1 900 m 的荒漠、沙丘、戈壁、山坡冲积扇砾石地或干旱山坡。

【毒性部位】全草，毒性与枝条年龄和发育阶段有关，一年生枝条大于多年生枝条，幼嫩枝条大于枯萎枝条。

【毒性成分与危害】含假木贼碱、甲基假木贼碱、白羽扇豆碱及甲基金雀花碱等多种生物碱，毒性作用与烟碱相似。主要危害羊，羊误食当年嫩枝极易引起急性中毒。初期表现为流涎、瞳孔缩小、腹痛、频尿；中期表现为步态蹒跚、肌肉麻痹；后期表现为体温骤降、末梢发凉、呼吸困难、知觉迟钝，重者导致死亡。发病季节一般集中在每年 6—9 月，冬季缺草时大量采食枯枝也可中毒。

【毒性级别】有毒。

【用途】枝入药，有杀虫止痒功效，民间主治疥癣、疥疮、湿疹痒痛、杀虫灭鼠。现代药理研究发现，无叶假木贼有触杀、胃毒和熏杀作用，可作为植物源性杀虫剂开发利用。

藜

【拉丁名】*Chenopodium album*。

【别名】灰菜、胭脂菜、灰藜、灰条菜等。

【科属】藜科藜属一年生草本有毒植物。

【形态特征】株高 30 ～ 150 cm；茎直立，粗壮，具条棱，绿色或紫红色条纹，多分枝；叶互生，叶柄与叶片近等长，或为叶片的 1/2；下部叶片菱状卵形或卵状三角形，先端急尖或微钝，基部楔形，上面通常无粉，有时嫩叶上面被紫红色粉，边缘具牙齿或不规则浅裂；上部叶片披针形下面常被粉质；花小，两性，黄绿色，每 8 ～ 15 朵聚生成一花簇，许多花簇集成大的或小的圆锥状花序，着生于叶腋和枝顶端；花被片 5，背面具纵隆脊，被粉，先端微凹，边缘

膜质；雄蕊 5，伸出花被外；子房扁球形，花柱短，柱头 2；胞果稍扁，近圆形，果皮与种子贴生；种子横生，双凸镜状，黑色，具光泽，表面具浅沟纹；花期 8—9 月，果期 9—10 月。

【分布与生境】分布于全国各地。生长于海拔 50 ～ 4 200 m 的田间、路旁、荒地或轻度盐碱化潮湿地。

【毒性部位】全草。

【毒性成分与危害】含光敏性物质，经胃肠吸收后随血液分布到皮下组织，经强烈阳光照射，光线激活感光过敏物质，致使无色素皮肤区血管发生反应，引起皮肤充血发红、肿胀、红斑性疹块或皮炎。主要危害各种放牧牲畜，尤其是白色皮肤或黑白相间皮肤牲畜。幼嫩时适口性很好，牲畜喜欢采食，但采食后若遇日光照射，皮肤无色素部分或裸露皮肤即发生刺痒、水肿、丘疹、水疱及出血等急性浆液性或水疱性皮炎，又称光过敏性皮炎。

【毒性级别】小毒。

【用途】全草入药，有清热、利湿、杀虫等功效，主治痢疾、腹泻、湿疮痒疹、毒虫咬伤等病症。藜幼嫩时可作为野菜食用，茎叶可喂牲畜，但对其过敏者不能食用或饲用。

蒙古虫实

【拉丁名】*Corispermum mongolicum*。

【别名】蒙古语查干哈麻哈格。

【科属】藜科虫实属草本有毒植物。

【形态特征】株高 10 ～ 35 cm，茎圆柱形，分枝多集中于基部，上部分枝较短，斜展；叶条形或倒披针形，长 1.5 ～ 2.5 cm，1 脉，先端尖，具小尖头，基部渐窄；穗状花序顶生和侧生，细长，稀疏，圆柱形，长 1.5 ～ 3 cm，花排列紧密；苞片条状披针形或卵形，全部掩盖果实；雄蕊 1 ～ 5，超过花被片；胞果椭圆形，果实较小，顶端近圆形，基部楔形，灰绿色，具光泽，果喙极短，边缘几无翅，浅黄绿色，全缘；花果期 7—9 月。

【分布与生境】分布于内蒙古西部、宁夏、甘肃、新疆东部等地。生长于海拔 1 000 ～ 2 800 m 的固定沙丘、沙质戈壁或沙质草原。

【毒性部位】全草。

【毒性成分与危害】含皂苷。蒙古虫实是中等饲用植物，青绿时放牧牲畜喜欢采食，一般情况下不会引起中毒。但如果清晨放牧过早或阴雨天放牧，牲畜采食带露水的蒙古虫实极易引起急性瘤胃臌气，严重者导致死亡。主要危害牛、羊、骆驼等反刍动物。

【毒性级别】有毒。

【用途】蒙古虫实子实营养价值较高，牧民常收集其子实做饲料，补喂瘦弱畜及幼畜。现代药理研究发现，蒙古虫实提取物具有一定的抗炎活性。

第**22**章

麻黄科常见毒害草

木贼麻黄

【拉丁名】*Ephedra equisetina*。

【别名】山麻黄、木麻黄、蒙古麻黄等。

【科属】麻黄科麻黄属直立或斜生小灌木有毒植物。

【形态特征】株高达 1 m，茎粗长，直立，稀部分匍匐状；小枝细，节间短，对生或轮生，灰绿色或蓝绿色，纵槽纹不明显；叶膜质鞘状，2 裂，褐色，大部合生，上部约 1/4 分离，裂片短三角形，先端钝；花序腋生，雄球花单生或 3～4 朵集生于节上，无梗或开花时有短梗，卵圆形或窄卵圆形；雄蕊 6～8，花丝全部合生，微外露，花药 2 室，稀 3 室；雌球花常 2 朵对生于节上，苞片 3 对，菱形或卵状菱形；雌花 1～2 朵，珠被管长 2 mm，弯曲；雌球花熟时苞片肉质红色，呈长卵圆形；种子圆形，顶端窄缩呈颈柱状，基部渐窄圆，具明显点状种脐与种阜；花期 6—7 月，果期 8—9 月。

【分布与生境】分布于内蒙古、河北、山西、陕西、甘肃、青海、新疆等地。生长于干旱山地、砾质山地或砾石戈壁。

【毒性部位】全草。

【**毒性成分与危害**】含麻黄碱、甲基麻黄碱、甲基伪麻黄碱等生物碱，麻黄碱为主要毒性成分。危害各种放牧牲畜。一般情况下牲畜不采食，但遇干旱年份或缺草时被迫采食引起中毒，主要表现为兴奋不安、瞳孔散大、肌肉震颤、惊厥等症状。

【**毒性级别**】小毒。

【**用途**】草质茎入药，有发汗散寒、宣肺平喘、利水消肿等功效，主治风寒感冒、胸闷喘咳、浮肿、支气管炎等病症。木贼麻黄为重要药用植物，生物碱含量较高，是提纯麻黄碱的重要原料。木贼麻黄耐寒、耐干旱，可作为干旱地绿化植物。

中麻黄

【**拉丁名**】*Ephedra intermedia*。

【**别名**】西藏中麻黄。

【**科属**】麻黄科麻黄属灌木有毒植物。

【**形态特征**】株高 1 m 以上；茎直立或匍匐斜上，粗壮，基部分枝多；小枝对生或轮生，圆筒形，灰绿色，有节，节间长 3 ～ 6 cm，纵槽纹较细浅；叶退化成膜质鞘状，上部约 1/3 分裂，裂片通常 3，钝三

角形或窄三角状披针形；雄球花无梗，数朵密集于节上呈团状，对生或轮生于节上苞片 5～7 对交互对生或 5～7 轮；雄蕊 5～8，花丝全部合生，花药无梗；雌球花 2～3 朵成簇，对生或轮生于节上，无梗或具短梗；雌花胚珠被管长，呈螺旋状弯曲，成熟时苞片增大成肉质红色；种子包藏于肉质红色苞片内，不外露，3 粒或 2 粒，卵圆形或长卵圆形；花期 5—6 月，种子 7—8月成熟。

【分布与生境】分布于辽宁、河北、内蒙古、山西、陕西、甘肃、青海、新疆等地，以西北地区最为常见。生长于海拔 100～2 000 m 的干旱荒漠、沙滩地、干旱山坡或草地。

【毒性部位】全草。

【毒性成分与危害】含麻黄碱等生物碱，麻黄碱具有松弛支气管平滑肌、收缩血管、升高血压及兴奋中枢神经等作用，其作用类似肾上腺素。放牧牲畜缺草时被迫过量采食，可引起急性中毒，主要表现为交感神经兴奋，引起烦躁不安、心动过速、肌肉震颤、行走步态蹒跚、惊厥或呼吸困难等症状。

【毒性级别】小毒。

【用途】草质茎入药，有发汗解表、宣肺平喘、利水消肿等功效，主治风寒感冒、胸闷喘咳、风水浮肿、支气管哮喘等病症。中麻黄也是生产麻黄碱的重要原料。中麻黄耐干旱、抗风蚀，是优良防风固沙植物，对维持荒漠生态平衡具有重要作用。

草麻黄

【拉丁名】*Ephedre sinica*。

【别名】麻黄、川麻黄、华麻黄、结力根等。

【科属】麻黄科麻黄属草本状矮小灌木有毒植物。

【形态特征】株高 20～40 cm；木质茎短或呈匍匐状，由木质根茎生出小枝，小枝绿色，直伸或微曲，表面细纵槽纹常不明显，节间长 3～5 cm；叶膜质鞘状，顶端常 2 裂，裂片锐三角形，先端急尖；雄球花多呈复穗状，淡黄色，雄蕊 7～8，花丝合生，稀先端稍分离；雌球花单生于幼枝顶端，苞片 4 对，雌花 2 朵；雌球花成熟时肉质红色，长卵圆形或近球形；种子 2 粒，包于苞片内，不露出或与苞片等长，黑红色或灰褐色，表面具细纹，种脐明显，半圆形；花期 5—6 月，果期 8—9 月。

【分布与生境】分布于黑龙江、吉林、辽宁、河北、内蒙古、山西、陕西、河南西北部等地。生长于丘陵山地、干旱草原、荒地荒滩或沙丘。

【毒性部位】全草及种子。

【毒性成分与危害】含麻黄碱、伪麻黄碱及甲基麻黄碱等生物碱。放牧牲畜过量采食草麻黄可引起以交感神经系统和中枢神经系统兴奋为特征的中毒症状，主要表现为烦躁不安、出汗、呕吐、震颤、瞳孔散大、心动过速、排尿困难、尿潴留、惊厥等，严重者因心力衰竭或呼吸衰竭死亡。

【毒性级别】有毒。

【用途】茎枝入药，有发汗散寒、宣肺平喘、利水消肿等功效，主治风寒感冒、胸闷喘咳、支气管哮喘等病症。草麻黄为重要药用植物，麻黄碱含量仅次于木贼麻黄，是提纯麻黄碱的主要植物之一。

第23章
夹竹桃科常见毒害草

夹竹桃

【拉丁名】*Nerium oleander*。

【别名】红花夹竹桃、欧洲夹竹桃。

【科属】夹竹桃科夹竹桃属常绿大灌木有毒植物。

【形态特征】茎直立、光滑，株高达 5 m；枝条灰绿色，有汁液，嫩枝条具棱，被微毛，老时毛脱落；叶 3 ～ 4枚轮生，为典型三叉分枝，枝条下部为对生，窄披针形，全绿，革质，长11 ～ 15 cm，宽 2 ～ 2.5 cm；聚伞花序组成伞房状顶生，花萼裂片窄三角形或窄卵形；花冠漏斗状，花紫红色、粉红色、黄色或白色，单瓣或重瓣；蓇葖果圆柱形或长柱形，种子长圆形，基部窄，顶端钝，褐色，种皮被褐色短柔毛；花期 6—10 月，果期 11 月至翌年春季。

【分布与生境】原产于印度、伊朗和阿富汗，现广泛种植于亚热带及热带地区。我国栽培历史悠久，遍及南北各地。喜温暖湿润气候，生长于排水良好、肥沃的中性土壤。

【毒性部位】根皮、叶花及种子均有毒，叶及茎皮剧毒。

【毒性成分与危害】夹竹桃是剧毒植物之一，主要毒素是夹竹桃强心苷等多种强心苷。危害各种放牧牲畜，一般情况下牲畜不主动采食，常因饥饿采食或误食夹竹桃枝叶，或啃咬茎皮而引起中毒。牛和马误食夹竹桃叶 10 ～ 20片（15 ～ 25 g）、羊和猪 2 ～ 4 片（3 ～ 5 g）引起中毒。主要表现为心脏节律不齐、出血性胃肠炎、呼吸困难。

【**毒性级别**】大毒。

【**用途**】叶或树皮入药，有强心利尿、祛痰定喘、镇痛祛瘀等功效，主治心力衰竭、喘息咳嗽、癫痫、跌打损伤等病症。夹竹桃是有名观赏花卉，各地可作为园林绿化植物广泛栽培。夹竹桃抗烟雾、抗灰尘、抗毒物和净化空气能力强，被称为"环保卫士"。

羊角拗

【**拉丁名**】*Strophanthus divaricatus*。

【**别名**】羊角扭、羊角果、羊角树、山羊角、断肠草等。

【**科属**】夹竹桃科羊角拗属灌木或藤本有毒植物。

【**形态特征**】直立，株高达 2 m，无毛，上部枝条蔓延，小枝圆柱形，棕褐色或暗紫色，密被灰白色圆形的皮孔，折之有汁液流出；叶对生，具短柄，叶片椭圆形或矩形，长 4 ～ 10 cm，宽 2 ～ 4 cm，先端短尖，基部楔形，全缘，纸质，两面无毛；聚伞花序顶生，通常具花 3 朵，花冠黄色，两面被微柔毛或里面无毛；苞片和小苞片线状披针形；花萼 5 裂，裂片披针形，淡黄色；花冠漏斗形，花冠筒长，子房 2 室，半下位，花柱圆柱状，柱头棒状或浅裂；蓇葖果木质，水平叉开，椭圆状长圆形，长 10 ～ 15 cm，极厚，含种子多数；种子扁，纺锤形，一端有长尾，密被白色丝状长毛；花期 5—7 月，果期 8—

12 月。

【**分布与生境**】分布于贵州、云南、广西、广东、福建等地。生长于丘陵山地、路旁疏林或山坡灌丛。

【**毒性部位**】全株，以种子毒性最强。

【**毒性成分与危害**】含羊角拗苷、毒毛旋花苷等强心苷，具有心脏毒性。放牧牲畜误食后可引起呕吐、腹痛、腹泻、瞳孔散大、心律不齐、痉挛、昏迷等强心苷中毒症状，重者因心跳停止而死亡。

【**毒性级别**】大毒。

【**用途**】根茎、叶花和种子均可入药，有强心、杀菌、消炎、止痒、杀虫、祛风湿等功效，主治心脏衰竭、风湿肿痛、跌打损伤、风湿性关节炎、痈疮疥癣、小儿麻痹后遗症等病症。羊角拗在农业上可用作杀虫剂及毒鸟雀、老鼠使用。

黄花夹竹桃

【**拉丁名**】*Thevetia peruviana*。

【**别名**】黄花状元竹、酒杯花、柳木子、断肠草等。

【**科属**】夹竹桃科黄花夹竹桃属乔木有毒植物。

【**形态特征**】株高达 5 m，无毛；树皮棕褐色，皮孔明显；多枝柔软，小枝下垂；全株有丰富汁液；叶

互生，近革质，无柄，线形或线状披针形，两端长尖，长 10 ～ 15 cm，宽 5 ～ 12 mm，光亮，全缘，边稍背卷；中脉在叶面下陷，在叶背凸起，侧脉两面不明显；顶生聚伞花序，花大，黄色，有香味，长 5 ～ 9 cm；花梗长 2 ～ 4 cm；花萼裂片绿色，窄三角形，顶端渐尖；花冠漏斗状，花冠筒喉部具 5 枚被毛鳞片，花冠裂片向左覆盖，比花冠筒长；雄蕊着生于花冠筒喉部，花丝丝状；子房无毛，柱头圆形；核果扁三角状球形，内果皮木质，生时绿色，干时黑色；花期 5—11 月，果期 12 月至翌年春季。

【分布与生境】原产于南美洲、中美洲及印度，现广泛栽植于热带及亚热带地区，我国南部各地广泛栽培。喜温暖湿润气候，生长于干热地区、路旁、池边或山坡疏林。

【毒性部位】全株，种子毒性最大。

【毒性成分与危害】含黄花夹竹桃苷甲、黄花夹竹桃苷乙、黄花夹竹桃次苷等强心苷。危害各种放牧牲畜，一般情况下牲畜不主动采食，常因饥饿采食或误食夹竹桃幼嫩枝叶，或啃咬茎皮而引起中毒，表现为心脏节律不齐、出血性胃肠炎、呼吸困难。

【毒性级别】有毒。

【用途】果仁入药，含多种强心苷，有强心、消肿、利尿等功效，主治各种心脏病引起的心力衰竭、阵发性心动过速、阵发性心房纤颤等病症。黄花夹竹桃枝繁叶茂，花色鲜艳，花期长，是长江流域及其以北地区园林绿化中的优良树种，可作为观赏植物栽培绿化环境。也可作为植物源性杀虫剂开发利用。

第 **24** 章

蓼科常见毒害草

酸模

【拉丁名】*Rumex acetosa*。

【别名】野菠菜、酸溜溜、水牛舌头、山大黄、山羊蹄等。

【科属】蓼科酸模属多年生草本有毒植物。

【形态特征】须根，茎直立，株高40～100 cm，通常不分枝；基生叶和茎下部叶箭形，长3～12 cm，宽2～4 cm，顶端急尖或圆钝，基部裂

片急尖，全缘或微波状；叶柄长2～10 cm；茎上部叶较小，具短柄或无柄；托叶鞘膜质，易破裂；花序狭圆锥状，顶生；花单性，雌雄异株；花梗中部具关节；花被片6，2轮；雄花花被片椭圆形，雄蕊6；雌花花被片果时增大，近圆形，全缘，基部心形，网脉明显，基部具小瘤，外花被片椭圆形；瘦果椭圆形，具3锐棱，黑褐色，具光泽；花期5—7月，果期6—8月。

【分布与生境】分布于全国各地。生长于海拔400～4 100 m的山坡、林缘、沟边或路旁潮湿地。

【毒性部位】全草。

【毒性成分与危害】含草酸及草酸盐。危害各种放牧牲畜，春天幼嫩时适口性较好，牲畜常因饥饿暴食或随刈割饲草混入误食而引起中毒。草酸盐对黏膜有较强刺激作用，大量摄入可刺激胃肠道黏膜引起胃肠炎；草酸盐吸收进入血液，与血清钙等离子结合形成不溶性草酸盐结晶，严重扰乱钙代谢过程，发生急性低钙血症；草酸钙结晶在肾小管腔内沉积，可引起间质性肾炎和肾纤维化，或发生尿石症和尿毒症。

【毒性级别】小毒。

【用途】根入药，有清热、利尿、凉血、止血、杀虫等功效，主治内出血、痢疾、便秘、内痔出血，外用治疥癣、神经性皮炎、湿疹等病症。幼嫩茎叶可作为蔬菜及饲料，食用前需用沸水焯熟，这样草酸含量大大减少，再食用就很安全。

皱叶酸模

【拉丁名】*Rumex crispus*。

【别名】土大黄、羊蹄叶、皱叶羊蹄、牛耳大黄、牛舌片等。

【科属】蓼科酸模属多年生草本有毒植物。

【形态特征】根粗壮，黄褐色；茎直立，高 50 ～ 120 cm，不分枝或上部分枝，具浅沟槽；基生叶较大，披针形或狭披针形，长 10 ～ 25 cm，宽 2 ～ 5 cm，顶端急尖，基部楔形，边缘皱波状；茎生叶向上渐小，狭披针形，边缘波状皱褶；托叶鞘筒状，膜质；数个

总状花序组成圆锥花序，花序分枝近直立或上升；花两性，数朵成束，淡黄绿色；花被片 6，2 轮，果时内轮增大，具网纹；瘦果椭圆形，顶端急尖，具 3 锐棱，暗褐色，具光泽；花期 6—7 月，果期 7—8 月。

【分布与生境】分布于东北、华北、华中、西北、西南及广西、福建等地。生长于海拔 30 ～ 3 800 m 的河滩、田边、路旁或沟边湿地。

【毒性部位】全草。

【毒性成分与危害】含草酸及草酸盐。危害各种放牧牲畜，毒性同酸模。

【毒性级别】小毒。

【用途】根及全草入药，有清热解毒、凉血止血、通便杀虫、化痰止咳等功效，主治急慢性肝炎、咳嗽痰喘、慢性气管炎、痢疾、痈疽肿毒、疥癣等病症。现代药理研究发现，皱叶酸模所含的大黄酚能明显增加血小板，对血小板减少症有疗效。我国北方通常将其种子塞入枕头，作为枕芯填充物利用。

巴天酸模

【拉丁名】*Rumex patientia*。

【别名】土大黄、洋铁叶、洋铁酸模等。

【科属】蓼科酸模属多年生草本有毒植物。

【形态特征】根肥厚，茎直立，粗壮，株高 90 ～ 150 cm，上部分枝，具深沟槽；基生叶长圆形或长圆状披针形，长 15 ～ 30 cm，宽 5 ～ 10 cm，顶端急尖，基部圆形或近心形，边缘波状；叶柄粗壮，茎上部叶披针形，较小，具短柄或近无柄；托叶鞘筒状，膜质；花序圆锥状，大型，花两性，花梗细弱，中下部具关节；关节果时稍膨大，外花被片长圆形，内花被片果时增大，宽心形，顶端圆钝，基部深心形，边缘近全缘，具网脉；瘦果卵形，具3锐棱，顶端渐尖，褐色，具光泽；花期5—6月，果期7—8月。

【分布与生境】分布于东北、华北、西北、华中、西南地区。生长于海拔20～3 800 m的山坡、田边、沟旁、河滩地、林缘或疏林潮湿地。

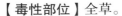

【毒性部位】全草。

【毒性成分与危害】含黄酮及蒽醌类物质。危害各种放牧牲畜。开花前茎叶柔嫩多汁，粗蛋白质及粗脂肪含量较高，粗纤维低，牲畜可少量采食，若大量采食或误食可引起急性中毒。

【毒性级别】小毒。

【用途】根入药，有凉血止血、清热解毒、通便杀虫等功效，主治痢疾、肝炎、跌打损伤、大便秘结、痈疮疥癣等病症。

第 **25** 章

天南星科常见毒害草

海芋

【拉丁名】*Alocasia macrorrhiza*。

【别名】野芋头、老虎芋、天荷芋、溪芋头、滴水观音等。

【科属】天南星科海芋属常绿多年生草本有毒植物。

【形态特征】具匍匐根茎，有直立地上茎，茎高不等，基部生不定芽条；叶多数，叶柄绿色或污紫色，螺状排列，粗厚，长可达1.5 m，展开；叶片亚革质，草绿色，箭状卵形，边缘波状，后裂片联合，幼株叶片联合较多；叶柄和中肋变黑色、褐色或白色；花序柄2～3枚丛生，圆柱形，长12～60 cm，绿色，有时污紫色；肉穗花序芳香，雌花序白色，不育雄花序绿白色，能育雄花序淡黄色；浆果红色，卵状，种子1～2粒；花期四季，但在密阴林下常不开花。

【分布与生境】分布于福建、江西、湖南、广东、广西、贵州、云南等地及热带和亚热带地区。生长于海拔200～1 100 m的热带雨林林缘、野芭蕉林、河谷或村舍附近。

【毒性部位】全草，根茎毒性较大。

【毒性成分与危害】茎叶所含汁液有毒，含草酸钙、氰苷及生物碱。人和动物皮肤接触其汁液发生瘙痒或强烈刺激，眼睛接触可引起严重结膜炎，甚至失明。误食茎叶会导致口舌麻木、刺痛、肿胀、流涎、呕吐、腹泻、惊厥，严重者窒息、心脏麻痹死亡。

【毒性级别】有毒。

【用途】根茎入药，有清热解毒、行气止痛、消肿散结、祛腐生肌等功效，主治流感、肺结核、风湿性关节痛、鼻塞流涕，外用治疗疔疮肿毒、虫蛇咬伤及烫伤等病症。根茎富含淀粉，可提取淀粉作为工业用品，但不能食用。海芋是大型观叶植物，可作为花园或园林造景植物栽培，景观效果独特。

天南星

【拉丁名】*Arisaema heterophyllum*。

【别名】山苞米、虎掌、蛇芋山棒子、大半夏、蛇草头等。

【科属】天南星科天南星属多年生草本有毒植物。

【形态特征】株高 40 ～ 90 cm，块茎扁球形；叶 1 枚基生，叶片放射状分裂，裂片 7 ～ 20，披针形或椭圆形，长 8 ～ 24 cm，先端具线形长尾尖，全缘；叶柄长，圆柱形，肉质，下部呈鞘筒状，具白色和散生紫色纹斑；总花梗比叶柄短，佛焰苞绿色和紫色，有时具白色条纹；肉穗花序两性和雄花序单性，两性花序下部雌花序，上部雄花序，雄花疏，有的退化为钻形中性花；单性雄花序，苍白色，向上细狭，至佛焰苞喉部以外"之"字形上升；雌花球形，花柱明显，柱头小，直立于基底胎座上；浆果黄红色或红色，圆柱形，内含棒头状种子，黄色，具红色斑点；花期4—5月，果期7—9月。

【分布与生境】分布于除西北地区及西藏以外的大部分地区。喜湿润、疏松、肥沃土壤，生长于海拔 300 ～ 2 700 m 的林下、灌丛、草地或沟谷。

【毒性部位】全草，块茎毒性较大。

【毒性成分与危害】含生物碱类、黄酮类、萜类、苷类和酯类等成分，主要毒性成分是葫芦巴碱和秋水仙碱。有毒物质对皮肤和黏膜有强烈刺激作用，吸收后能影响呼吸中枢和运动中枢，导致运动神经末梢麻痹。危害各种放牧牲畜，误食或采食可引起口腔黏膜糜烂、舌肿大、咽喉肿痛、流涎等，严重者痉挛、惊厥、四肢麻木、呼吸紊乱，终因窒息死亡。皮肤接触出现瘙痒、湿疹，引起接触性皮炎。

【毒性级别】有毒。

【用途】块茎入药，有解毒消肿、祛风定惊、化痰散结等功效，主治面神经麻痹、半身不遂、小儿惊风、破伤风、癫痫等病症，外用治疗跌打损伤、毒蛇咬伤、疮肿毒及灭蝇蛆。现代药理研究发现，天南星具有抗惊厥、抗肿瘤和抗氧化活性，对宫颈癌有良好效果。块茎富含淀粉，可制作酒精、糊料，有毒不可食用。

半夏

【拉丁名】*Pinellia trenata*。

【别名】三步跳、三片叶、三角草、麻芋果、地雷公等。

【科属】天南星科半夏属多年生草本有毒植物。

【形态特征】株高 15 ～ 30 cm，块茎圆球形；叶 2 ～ 5 枚，幼时单叶，2 ～ 3 年后为三出复叶；叶柄长达 20 cm，近基部内侧和复叶基部生有珠芽；叶片卵圆形或窄披针形，中间小叶较大，长 5～8 cm，两侧小叶轮小，先端锐尖，两面光滑，全缘；肉穗花序顶生，花序梗长，佛焰苞卷合呈弧曲形管状，绿色，上部内面为深紫红色；雌花序轴与佛焰苞贴上，绿色；雄花序长，有间隔；附属器长鞭状，绿色变青紫色，直立，有时"S"形弯曲；浆果卵圆形，黄绿色，花柱宿存；花期 5—7 月，果期 8 月。

【分布与生境】除内蒙古、新疆、青海、西藏外，其他地区均有分布。生长于海拔 2 500 m 以下的山坡草丛、溪边阴湿地、农田或林下草地。

【毒性部位】全草，块茎毒性大。

【毒性成分与危害】含生物碱、胰蛋白酶抑制因子和半夏蛋白等毒性物质。危害各种放牧牲畜，采食或误食新鲜半夏 0.1～1.8 g 即可引起中毒，轻度表现为口腔、喉头、消化道黏膜强烈刺激、口舌麻木，重度表现为口舌烧痛肿胀、流涎、全身麻木、痉挛、呼吸困难，最后麻痹而死。

【毒性级别】有毒。

【用途】块茎入药，有燥湿化痰、消痞散结、降逆止呕等功效，主治痰多咳喘、风痰眩晕、痰饮眩晕、呕吐反胃、痰厥头痛等病症，外用治疗急性乳腺炎、急慢性化脓性中耳炎。现代药理研究发现，半夏具有抗溃疡、抗心律失常、抗肿瘤、抗早孕等作用。

第 26 章

伞形科常见毒害草

毒芹

【拉丁名】*Cicuta virosa*。

【别名】野芹、走马芹、芹叶钩吻、野芹菜等。

【科属】伞形科毒芹属多年生粗壮草本有毒植物。

【形态特征】株高 70 ～ 100 cm，主根短缩，支根多数，肉质或纤维状，根状茎具节，内有横隔膜，褐色；茎单生，直立，圆筒形，中空，具条纹，基部略带淡紫色；基生叶叶柄长 15 ～ 30 cm，叶鞘膜质，抱茎；叶片三角形或三角状披针形，长12 ～ 20 cm，二至三回羽状分裂，边缘具锯齿或缺刻；复伞形花序顶生或腋生，无毛；总苞片无或有 1 枚线形苞片，小总苞片多数，线状披针形，顶端长尖；小伞形花序具花 15 ～ 35 朵，萼齿明显，卵状三角形；花瓣白色，倒卵形或近圆形；花柱短，向外反折；分生果近卵圆形，合生面收缩，主棱阔；花期 7—8 月，果期 8—9 月。

【分布与生境】分布于东北、华北、西北、西南地区，以东北地区最多。生长于海拔 400 ～ 2 900 m 的河边、沼泽、低洼潮湿地或水沟旁。

【毒性部位】全草，以根茎毒性最大。

【毒性成分与危害】含毒芹碱、甲基毒芹碱、伪羟基毒芹碱等生物碱，毒芹碱是一种痉挛毒，作用类似箭毒，主要兴奋延髓痉挛中枢，使脊髓反射兴奋性亢进。主要危害各种放牧牲畜。每年春季牲畜常因误食毒芹幼苗或地下根茎引起急性中毒，主要表现为兴奋不安、肌肉痉挛、呼吸困难，终因呼吸中枢麻痹而死亡。鲜根中毒量马 0.1 g/kg 体重、羊 0.125 g/kg 体重、猪 0.15 g/kg 体重，根茎致死量牛 200 ～ 250 g、绵羊 60 ～ 80 g。

【毒性级别】大毒。

【用途】根茎入药，外用有拔毒、祛瘀等功效，主治化脓性骨髓炎，也可用于灭臭虫。俄罗斯民间利用植株地上部分制成软膏或浸剂，治疗慢性发疹病。欧洲民间用毒芹制成软膏或浸剂，外用治疗某些皮肤病、痛风、风湿、神经痛等。

毒参

【拉丁名】*Conium maculatum*。

【别名】芹叶钩吻。

【科属】伞形科毒参属二年生草本有毒植物。

【形态特征】株高 80 ～ 180 cm，根圆锥形，肥厚；茎中空，多分枝，具斑点；叶片二回羽状分裂，羽片具柄，末回裂片卵状披针形，边缘羽状深裂；基生叶具长柄，茎生叶具叶鞘；复伞形花序着生于茎和枝顶端呈聚伞状，伞幅 10 ～ 20 cm；总苞片 5，卵状披针形，下垂；小总苞片 5 ～ 6 枚，卵形，基部合生；小伞形花序具花 20 ～ 120 朵，花萼无齿；花瓣白色，倒心形，基部楔形，顶端具内折小舌片；花柱基圆锥形，花柱外曲；果实近卵球形或卵形；花期 7—9 月，果期 9—10 月。

【分布与生境】分布于新疆。生长于海拔 600 ～ 1 700 m 的林缘、湿地或农田。

【毒性部位】全草，以果实特别是种子最毒。

【毒性成分与危害】含毒芹碱、甲基毒芹碱及羟基毒芹碱等生物碱，主要毒性成分是毒芹碱。主要危害各种放牧牲畜。新鲜毒参具有令人厌恶的鼠臭味，牲畜一般不采食。春季牲畜常因误食混有毒参幼苗的牧草引起中毒，主要表现为扩瞳、呼吸加快、行走困难、脉搏先慢后快而细、体温降低、昏迷，终因呼吸中枢麻痹窒息而死。鲜草致死量马 1.8 ～ 2.25 kg、牛 4 ～ 5 kg。有资料报道，妊娠母牛每天给予毒芹碱 1.5 mL，所产牛犊有腕关节、肘关节及脊柱弯曲等先天性畸形。

【毒性级别】有毒。

【用途】入药，有镇静解痉等功效，民间用于治疗支气管炎、哮喘、眩晕、疼痛症、焦虑、癫痫等病症。同时，毒参对呼吸中枢有直接抑制作用，对呼吸系统的痉挛性疾病，如百日咳和气喘有治疗作用。

第 27 章

旋花科常见毒害草

刺旋花

【拉丁名】*Convolvulus tragacanthoides*。

【别名】木旋花，蒙古语乌日格斯图 - 色得日根讷。

【科属】旋花科旋花属亚灌木有害植物。

【形态特征】株高 5 ～ 15 cm，全株被银灰色绢毛；茎密集分枝，铺散呈垫状；小枝坚硬，具刺，节间短；叶互生，狭线形或稀倒披针形，基部渐狭，先端圆形，无柄；花单生，或 2 ～ 5 朵密集于枝顶端，花梗短；萼片椭圆形或长圆状倒卵形，外面被棕黄色毛；花冠漏斗状，粉红色，瓣中带密毛，顶端 5 浅裂；雄蕊 5，不等长，花丝丝状，无毛，基部扩大；子房被毛，2 室，柱头 2 裂；蒴果球形，被毛；种子卵圆形，无毛；花期 6—7 月，果期 8—10 月。

【分布与生境】分布于北方干旱半干旱地区，在东起鄂尔多斯西部、西至准噶尔盆地，北抵阿拉善南部、南至柴达木与祁连山南麓的戈壁滩已形成优势种群。生长于荒漠半荒漠地区的干燥山坡、山前丘陵、山间盆地、石缝或戈壁。

【有害部位与危害】刺旋花遍体具刺，易对放牧牲畜造成机械性损伤。主要危害绵羊、山羊和骆驼。春季幼嫩枝叶和花适口性良好，牲畜喜欢采食。植株成熟后刺变硬，易损伤牲畜口腔和皮肤，引起口腔疾病和皮肤化脓感染；刺伤牲畜肢蹄，常造成蹄伤、跛行或蹄叶炎；芒刺混入影响皮革、羊毛等畜产品质量。

【毒性级别】无毒。

【用途】刺旋花为强旱生小半灌木，在荒漠半荒漠地区的砂砾质、砾石质山坡或丘陵对保持水土和固沙有一定生态作用。早春花色艳丽，可作为观赏植物和蜜源植物利用。

中国菟丝子

【拉丁名】*Cuscuta chinensis*。

【别名】菟丝子、无根藤、黄丝藤、无根草、金丝藤等。

【科属】旋花科菟丝子属一年生全寄生草本有害植物。

【形态特征】无根，茎丝线状，橙黄色，缠绕在寄主植物的茎叶上；叶退化成鳞片，无叶绿素；花小，簇生，球状花序，白色、黄色或粉红

色；裂片常向外反曲；雄蕊 5，花丝短，与花冠裂片互生；鳞片 5，近长圆形；子房 2 室，每室有胚珠 2 颗，花柱 2，柱头头状；蒴果近球形，成熟时被花冠全部包围；种子极小，近圆形，表面粗糙，淡褐色；花期 7—9 月，果期8—10 月。

【分布与生境】分布于东北、华北、华南、西北、西南地区，1992 年菟丝子被农业部列为二类危险性有害生物，属于二级检疫性杂草。生长于海拔

200～3 000 m 的田边、荒地、灌丛或山坡向阳处。常寄生在豆科、菊科、蓼科及蔷薇科等 3 000 多种植物上。

【**有害部位与危害**】菟丝子主要以种子进行传播扩散。其种子易混杂在农作物、粮食以及种子或饲料中远距离传播，也能借风力、水流、农具及鸟兽远距离传播。同时，缠绕在寄主植物上的菟丝子片断也能随寄主远征蔓延繁殖。菟丝子的危害主要是其藤茎生长迅速，常缠绕在寄主植物上，影响寄主植物的光合作用，造成寄主植物生长衰弱、叶片黄化并脱落、不能开花结实，降低产量与品质，严重时造成寄主植物枯萎或整株枯死，甚至成片死亡。被菟丝子侵染的农作物，轻则减产 10%～20%，重则减产 40%～50%，严重时减产 70%～80%，甚至颗粒无收。此外，放牧牲畜误食菟丝子可引起胃肠道炎症、化脓和出血等中毒症状。菟丝子也是传播某些植物病害的媒介或中间寄主，引起多种植物病害。

【**毒性级别**】小毒。

【**用途**】种子入药，有补肾益精、养肝明目、固胎止泻等功效，主治阳痿遗精、遗尿尿频、腰膝酸软、肾虚胎漏、脾肾虚泻等病症。

第28章

马鞭草科常见毒害草

臭牡丹

【拉丁名】*Clerodendrum bungei*。

【别名】大红袍、臭八宝、野朱桐、臭枫草、臭梧桐等。

【科属】马鞭草科大青属灌木有毒植物。

【形态特征】株高 1～2 m，植株有臭味；花序轴、叶柄密被褐色、黄褐色或紫色脱落性柔毛；小枝近圆形，皮孔显著；叶片纸质，宽卵形或卵形，长 8～20 cm，宽 5～15 cm，边缘具粗或细锯齿，侧脉 4～6 对；房状聚伞花序顶生，密集，苞片叶状，披针形或卵状披针形；花萼钟状，被短柔毛及少数盘状腺体，萼齿三角形或狭三角形；花冠淡红色、红色或紫红色；雄蕊及花柱均伸出花冠外；柱头 2 裂，子房 4 室；核果近球形，成熟时蓝黑色；花期 5—8 月，果期 9—11 月。

【分布与生境】分布于华北、华中、华南、西北、西南地区。生长于海拔 100～2 600 m 的沟谷、林缘、山坡、路旁、灌丛或湿地。

【毒性部位】全草。

【毒性成分与危害】含苯乙醇苷

类、萜类、甾醇类及黄酮类等成分，毒性成分不清楚。主要危害各种放牧牲畜。臭牡丹新鲜时有特殊臭味，一般牲畜不会主动采食，若饥饿采食或误食可引起中毒，主要表现为全身衰弱、步态不稳、腹泻、鼻及眼分泌物增多、黄疸等，重者可致死亡。

【**毒性级别**】小毒。

【**用途**】根茎及叶入药，有祛风除湿、消肿解毒、降血压、止痛等功效，主治痈疽、乳腺炎、关节炎、湿疹、牙痛等病症。现代药理研究表明，臭牡丹能显著提高小鼠中性粒细胞吞噬指数及吞噬百分率，同时还可增强子宫张力和对金黄色葡萄球菌、大肠埃希菌有抑制作用。臭牡丹外形酷似牡丹，花朵优美，花期长，可作为园林花卉栽培，也可作为水土保持植物利用。

马缨丹

【**拉丁名**】*Lantana camara*。

【**别名**】五色梅、五彩花、珊瑚球、七变花、如意草等。

【**科属**】马鞭草科马缨丹属多年生蔓性灌木有毒植物。

【**形态特征**】直立，株高 1 ～ 2 m；茎枝呈四方形，被短柔毛，通常具短而倒钩状刺；单叶对生，揉烂有强烈气味，叶片卵形至卵状长圆形，长 3 ～ 8.5 cm，宽 1.5 ～ 5 cm，顶端急尖或渐尖，基部心形或楔形，边缘具钝齿，表面被粗糙皱纹和短柔毛，背面被小刚毛，侧脉约 5 对；花序密集呈头状，苞片披针形，外部被粗毛，花萼管状，膜质，顶端具极短的齿；花冠黄色或橙黄色，开花后转为深红色，子房无毛；果圆球形，成熟时紫黑色；花期全年。

【分布与生境】原产于美洲热带地区。分布于福建、广西、广东、海南、云南等地。生长于海拔 80 ～ 1 500 m 的山坡路旁、山坡荒地、海边沙滩或灌木林缘。

【毒性部位】花叶及未成熟果实。

【毒性成分与危害】含马缨丹烯 A、马缨丹烯 B 及马缨丹酸等三萜酸类。主要危害牛和羊，马有较强耐受性。马缨丹新鲜时有刺激性气味，适口性差，牲畜一般不会主动采食，常因饥饿大量采食或误食引起中毒。主要表现为体弱、步态不稳、腹泻、继之便秘和黄疸及感光过敏。此外，马缨丹适应性、生命力及传播性很强，一旦有适合环境就会大量生长繁殖，形成优势种群，破坏植物多样性，对生态环境构成威胁，已被我国列为外来入侵植物。

【毒性级别】有毒。

【用途】根及叶花入药，有清热解毒、散结止痛、祛风止痒等功效，主治疟疾、肺结核、淋巴结核、腮腺炎、胃痛、风湿骨痛等病症。马缨丹种子和全株有杀虫作用，可作为植物源性杀虫剂开发利用。马缨丹为叶花两用观赏植物，全年均能开花，花期长，已在广东、海南、福建、广西等地的园林或庭园广泛栽培。

第 **29** 章

小檗科常见毒害草

金花小檗

【**拉丁名**】*Berberis wilsonae*。

【**别名**】小叶小檗、蛇不爬。

【**科属**】小檗科小檗属半常绿灌木有害植物。

【**形态特征**】株高约 1 m，枝常弓弯，老枝棕灰色，幼枝暗红色，具棱，散生黑色疣点；茎刺细弱，三分杈，长 1～2 cm，淡黄色或淡紫红色；叶革质，叶片倒卵形或倒卵状匙形，先端圆钝或近急尖，基部楔形，上面暗灰绿色，网脉明显，背面灰色，常微被白粉，网脉隆起，全缘或偶具 1～2 枚细刺齿，近无柄；花簇生，金黄色，花梗棕褐色，小苞片卵形；萼片 2 轮，外轮萼片卵形，内轮萼片倒卵状圆形或倒卵形；花瓣倒卵形，先端缺裂，裂片近急尖；雄蕊长，药隔先端钝尖；胚珠 3～5 颗；浆果近球形，粉红色，顶端具明显宿存花柱，微被白粉；花期 6—9 月，果期翌年 1—2 月。

【**分布与生境**】分布于甘肃、西藏、四川、云南等地，在四川甘孜和阿坝高寒灌丛草甸草原已形成优势种群。生长于海拔 1 000～4 000 m 的河滩、灌丛、山坡、林缘或沟边。

【**有害部位与危害**】植株具尖锐芒刺，可造成放牧牲畜机械性损伤。植株芒刺刺伤口腔，划破皮肤，危害牲畜健康，降低畜产品质量。金花小檗植株生长形成优势灌丛，侵占大面积草地，降低优良牧草产量。

【**毒性级别**】小毒。

【**用途**】根茎入药，可代替黄连，有清热、解毒、消炎等功效，主治慢性气管炎、肺炎、痢疾、结膜炎等病症。金花小檗株形美观，秋季叶片和果实均为红色，是较好的观叶观果植物，可作为观赏灌木发展草原旅游业。

南天竹

【拉丁名】*Nandina domestica*。

【别名】红杷子、天烛子、南天竺、红枸子、红天竺等。

【科属】小檗科南天竹属常绿小灌木有毒植物。

【形态特征】株高约 2 m，全株无毛；直立，丛生，少分枝，老枝浅褐色，幼枝红色；叶互生，集生于茎上部，三回羽状复叶，二至三回羽片对生；小叶薄革质，椭圆形或椭圆状披针形，顶端渐尖，基部楔形，全缘，上面深绿色，冬季变红色，背面叶脉隆起，近无柄；圆锥花序顶生，花小，白色；萼片多轮，外轮萼片卵状三角形，向内各轮渐大，最内轮萼片卵状长圆形；花瓣长圆形，先端圆钝；雄蕊 6，花丝短，花药纵裂，药隔延伸；子房 1 室；浆果球形，成熟时鲜红色，种子扁圆形；花期 3—6 月，果期 7—11 月。

【分布与生境】分布于华中、华南、中南、西南地区和长江流域。生长于湿润山地疏林、沟谷灌丛或路边。

【毒性部位】全株。

【毒性成分与危害】含南天竹碱、小檗碱及原阿片碱等多种生物碱。叶、花蕾及果实均含氰苷。对各种放牧牲畜均有毒性，采食或误食后引起兴奋、脉搏先快后慢且不规则、血压下降、肌肉痉挛、呼吸麻痹、昏迷等中毒症状。特别是误食其新鲜幼叶或果实，可引起急性氢氰酸中毒。

【毒性级别】有毒。

【用途】根茎及果实入药，有强筋活络、消炎解毒、止咳平喘等功效，主治感冒发热、急性胃肠炎、尿路感染、眼结膜炎、肺炎、跌打损伤等病症。植株秋冬季节叶片和果实变为红色，十分鲜艳，常作为园林观赏植物或盆景栽培。

第30章
泽泻科常见毒害草

窄叶泽泻

【拉丁名】*Alisma canaliculatum*。

【别名】无。

【科属】泽泻科泽泻属多年生草本有毒植物。

【形态特征】常水生或沼生，块茎；沉水叶条形，叶柄状；挺水叶披针形，稍呈镰状弯曲，长6～45 cm，宽1～5 cm，先端渐尖，基部楔形或渐尖，叶脉3～5条，叶柄长9～27 cm，基部较宽，边缘膜质；花葶高40～100 cm，直立；花序长，具3～6轮分枝，每轮分枝3～9枚；花两性，外轮花被片长圆形，具5～7脉，边缘窄膜质，内轮花被片白色，近圆形，

边缘不整齐；心皮排列整齐，花柱长，柱头小，约为花柱的1/3，向背部弯曲；花丝基部宽，向上渐窄，花药黄色；花托果期外凸，呈半球形；瘦果倒卵形或近三角形，背部较宽，具1条明显深沟槽，两侧果皮厚纸质，不透明，果喙自顶端伸出；种子深紫色，矩圆形；花期5—7月，果期8—10月。

【分布与生境】分布于华东、华中、华南、西南地区。生长于湖边、溪流、水塘、沼泽或积水湿地。

【毒性部位】全草，以块茎毒性较大。

【毒性成分与危害】块茎及叶汁液含泽泻醇A和泽泻醇B等三萜类毒性物质，有很强的刺激性。危害各种放牧牲畜，牲畜采食或误食后可引起胃肠炎，皮肤接触引起水疱、发红等皮肤病。

【毒性级别】有毒。

【**用途**】全草入药，有清热解毒、利水消肿等功效，主治皮肤疱疹、小便不通、水肿、蛇咬伤等病症。植株也可作为花卉观赏植物或盆景栽培。

泽泻

【**拉丁名**】*Alisma plantagoaquatica*。

【**别名**】水泽、水泻、如意花、车古菜、天鹅蛋等。

【**科属**】泽泻科泽泻属多年生水生或沼生草本有毒植物。

【**形态特征**】常水生或沼生，块茎大，直径 1 ～ 3.5 cm 或更大；叶多数，沉水叶条形或披针形；挺水叶宽披针形、

椭圆形或卵形，先端渐尖或急尖，基部宽楔形或浅心形，叶脉通常 5 条，叶柄长 1.5 ～ 30 cm，基部渐宽，边缘膜质；花葶高 78 ～ 100 cm 或更高；花序长 15 ～ 50 cm，具 3 ～ 8 轮分枝，每轮分枝 3 ～ 9 枚；花两性，外轮花被片广卵形，常具 7 脉，边缘膜质，内轮花被片近圆形，大于外轮，边缘具不规则粗齿，白色、粉红色或浅紫色；心皮 17 ～ 23 枚，排列整齐，花柱直立，长于心皮，柱头短；花药椭圆形，黄色或淡绿色，花托平凸，近圆形；瘦果椭圆形或近矩圆形，背部具 1 ～ 2 条不明显浅沟，果喙自腹侧伸出，喙基部凸起，膜质；种子紫褐色，具凸起；花期 6—8 月，果期 7—10 月。

【**分布与生境**】分布于东北、华北、西北、西南地区。生长于湖泊、河湾、溪流、沼泽、水塘浅水带、沟渠或低洼湿地。

【**毒性部位**】全草，以块茎毒性较大。

【**毒性成分与危害**】含泽泻醇 A 和泽泻醇 B 等多种三萜类毒性物质，有肝毒性、肾毒性和黏膜毒性。危害各种放牧牲畜，茎叶含有毒汁液，牲畜皮肤接触可引起发痒、发红、水疱；采食或误食引起腹痛、腹泻等胃肠炎症状，还能引起麻痹等。

【**毒性级别**】有毒。

【**用途**】块茎入药，有利水渗湿、泄热、化浊降脂等功效，主治肾炎水肿、肾盂肾炎、肠炎泄泻、小便不利等病症。现代药理研究表明，泽泻具有利尿、抗草酸钙结石、降血脂、保肝、降血糖等多种作用。泽泻花较大，花期长，可作为花卉观赏植物栽培。

第**31**章

商陆科常见毒害草

商陆

【**拉丁名**】*Phytolacca acinosa*。

【**别名**】野萝卜、见肿消、倒水莲、金七娘、猪母耳等。

【**科属**】商陆科商陆属多年生草本有毒植物。

【**形态特征**】株高 70 ～ 100 cm，全株无毛，根肥大，肉质，倒圆锥形，外皮淡黄色或灰褐色；茎直立，圆柱形，多分枝，绿色或紫红色，具纵沟；叶互生，椭圆形或卵状椭圆形，先端急尖，基部楔形而下延，全缘，侧脉羽状，主脉粗壮；叶柄粗壮，上面具槽，下面半圆形；总状花序顶生或侧生，圆柱状，密生多花；花两性，具小梗，小梗基部有苞片 1 枚及小苞片 2 枚；花萼通常 5 片，偶为 4 片，卵形或长方状椭圆形，初白色，后变淡红色；无花瓣，雄蕊 8，花药淡粉红色；心皮 8 ～ 10，离生；浆果扁球形，熟时紫黑色；种子肾圆形，扁平，黑色；花期 5—8 月，果期 8—10 月。

【**分布与生境**】分布于河南、湖北、山东、浙江、江西、四川、陕西等地。生长于海拔 500 ～ 3 400 m 的沟谷、山坡、疏林或路旁阴湿地。

【**毒性部位**】全草，以根茎毒性较大。

【**毒性成分与危害**】含三萜商陆皂苷、去甲商陆皂苷等三萜皂苷，又称商陆毒素。对各种动物均有毒性，动物种类不同敏感性有差异，犬猫较敏感，容易中毒，家兔次之。放牧牲畜一般情况下不采食，若误食可引起急性中毒，表现为呕吐、腹痛、腹泻、躁动不安、心律失常、抽搐、呼吸急促、肌肉震颤、瞳孔散大等，严重时中枢神经麻痹、呼吸抑制，终因呼吸循环衰竭死亡。

【**毒性级别**】有毒。

【**用途**】根入药，有通便、逐水、散结等功效，主治水肿胀满、二便不通，外敷治疗痈肿疮毒等病症。商陆对锰有明显的富集作用，可作为治理锰污染土壤的生态修复植物；同时，商陆固水固土效果好，可作为南方红壤丘陵地区水土保持植物利用。

垂序商陆

【**拉丁名**】*Phytolacca americana*。

【**别名**】美洲商陆、美国商陆、洋商陆、土人参、山萝卜等。

【**科属**】商陆科商陆属多年生草本有毒有害植物。

【**形态特征**】株高 1～2 m，根粗壮，肥大，倒圆锥形；茎直立，圆柱形，有时带紫红色；叶片椭圆状卵形或卵状披针形，长 9～18 cm，宽 5～10 cm，顶端急尖，基部楔形；总状花序顶生或侧生，长 5～20 cm，纤细，花较稀少；花梗长 6～8 mm，花白色，微带红色；花被片 5，雄蕊、

心皮及花柱通常均为 10，心皮合生；果序下垂，浆果扁球形，熟时紫黑色；种子肾圆形；花期 6—8 月，果期 8—10 月。

【分布与生境】原产于北美洲，世界各地引种和归化。1932 年作为观赏植物和药用植物有意引进我国，现已逃逸遍及华北、华东、华中、华南、西南、西北地区。生长于疏林、路旁、荒地、林缘、农田或果园等。

【毒性部位】全草，根及果实毒性大。

【毒性成分与危害】含商陆毒素，放牧牲畜采食或误食可引起中毒，主要表现为呕吐、腹泻、腹痛等消化道症状，重者出现呼吸及心跳变弱、痉挛、运动障碍、昏迷以及呼吸麻痹。根茎酷似人参，常被人误作为人参服用引起中毒。垂序商陆种子小、适应性广、易传播，已被我国列入第四批外来入侵植物名录。入侵茶园、果园、竹林、油茶林或天然林等地成为有害杂草，危害农业、林业生产，破坏生物多样性。

【毒性级别】有毒。

【用途】根入药，有止咳、平喘、利尿、消肿等功效，主治水肿、腹胀、风湿、脚气、痈肿、恶疮等病症，外用可治疗无名肿毒、皮肤寄生虫病。全草可作为植物源农药开发利用。

第**32**章

杨柳科常见毒害草

坡柳

【拉丁名】*Salix myrtillacea*。

【别名】车桑子、明油子、铁扫把等。

【科属】杨柳科柳属常绿灌木有毒植物。

【形态特征】株高达 3 m，有胶状物质；小枝纤弱，无毛，具光泽，稍呈蜿蜒状；花芽卵形，渐尖，叶芽长圆状披针形；单叶互生，薄纸质，倒

卵状长圆形或倒披针形，先端急尖，基部近圆形至楔形，两面无毛，下面浅绿色，中脉隆起，边缘具细锯齿；圆锥花序或总状花序，通常顶生而短，花序先叶开放，无花序梗；雄蕊 2，花药紫红色，合生为 1 或仅花丝合生，无毛或基部被柔毛；苞片黑色或下部褐黄色，椭圆形或卵形，先端短渐尖或急尖，两面被白色长柔毛，通常上部的长毛脱落；腹腺 1，短圆柱形，红黄色；子房卵形，密被短柔毛，花柱明显；苞片特征同雄花；花期 4 月中下旬，果期 5—6 月。

【分布与生境】分布于云南西北部、四川西部、西藏东部、青海、甘肃东南部等地。生长于海拔 2 700～4 800 m 的干旱山坡、山谷溪流旁、砾石坡地或山坡草地。

【毒性部位】全株，叶和根毒性较大。

【毒性成分与危害】含氰苷、生物碱和皂苷等。危害马、山羊和牛等放牧牲畜，误食其幼嫩叶及根皮可引起中毒。

【毒性级别】有毒。

【用途】全株入药，有消肿解毒功效，主治牙痛、风毒、疮毒、湿疹、皮

疹等病症。坡柳种子含油量为 12.04% ～ 13.58%，可榨油作为工业用油。坡柳种子乙醇提取物对菜青虫幼虫有显著的拒食作用，可作为植物源性农药开发利用；民间用其叶、根杀虫或毒鱼。

第 **33** 章

水麦冬科常见毒害草

海韭菜

【**拉丁名**】*Triglochin maritimum*。

【**别名**】那冷门、海箭草、海边箭草。

【**科属**】水麦冬科水麦冬属多年生草本有毒植物。

【**形态特征**】湿生草本，植株稍粗壮，根茎短，须根多数，茎基部有棕色纤维质叶鞘残迹；叶基生，条形，长 7 ～ 30 cm，宽 1 ～ 2 mm，基部具鞘，鞘缘膜质；花葶直立，较粗壮，圆柱形，无毛；总状花序顶生，花较紧密，无苞片；花梗长约 1 mm，开花后长 2 ～ 4 mm；花两性，花被片 6，2 轮排列，绿色，外轮宽卵形，内轮较窄；雄蕊 6，分离，无

花丝；雌蕊淡绿色，由 6 枚合生心皮组成，柱头毛笔状；蒴果 6 棱状，椭圆形或卵形，成熟后呈 6 瓣开裂；花期 6—7 月，果期 8—10 月。

【**分布与生境**】分布于东北、华北、西南、西北地区。生长于海拔 100 ～ 3 900 m 的山坡湿草地、河边湿地、沼泽草甸、湿沙地或海边盐滩。

【**毒性部位**】全草。

【**毒性成分与危害**】茎、叶花及果实含海韭菜苷和紫杉氰糖苷，为氰苷类物质。放牧牲畜大量采食或误食后，氰苷在胃肠道水解生成氢氰酸引起中毒，导致呼吸麻痹死亡。

【**毒性级别**】有毒。

【**用途**】全草及果实入药，有清热养阴、生津止渴、解毒利湿等功效，主治阴虚湿热、胃热烦渴、小便淋痛、脾虚泄泻等病症。藏药用果实治疗眼痛、神经衰弱、腹泻。蒙药用果实治疗久泻腹痛。海韭菜属典型泌盐植物，已作为河口滨海湿地污染地区的生态修复植物利用，在重要河口滨海湿地生态修复中发挥重要作用。

主要参考文献

贝尔纳·贝特朗，2020. 有毒植物志［M］. 北京：生活·读书·新知三联书店.

陈冀胜，郑硕，1987. 中国有毒植物［M］. 北京：科学出版社.

傅坤俊，1992. 黄土高原植物志：第二卷［M］. 北京：中国林业出版社.

傅坤俊，2000. 黄土高原植物志：第一卷［M］. 北京：科学出版社.

高文渊，张卓然，2019. 内蒙古草原有害生物绿色防控［M］. 北京：中国农业
　　出版社.

谷安琳，王庆国，2013. 西藏草地植物彩色图谱：第一卷［M］. 北京：中国农
　　业科学技术出版社.

谷安琳，王宗礼，2009. 中国北方草地植物彩色图谱［M］. 北京：中国农业科
　　学技术出版社.

谷安琳，王宗礼，2012. 中国北方草地植物彩色图谱：续编［M］. 北京：中国
　　农业科学技术出版社.

郭晓庄，1992. 有毒中草药大辞典［M］. 天津：天津科技翻译出版公司.

国家药典委员会，2020. 中华人民共和国药典：2020 年版［M］. 北京：中国
　　医药科技出版社.

国家中医药管理局中华本草编委会，1996. 中华本草［M］. 上海：上海科学技
　　术出版社.

何树志，黄国安，2014. 大庆市区草原植物图谱［M］. 呼和浩特：内蒙古人民
　　出版社.

侯向阳，孙海群，2012. 青海主要草地类型及常见植物图谱［M］. 北京：中国
　　农业科学技术出版社.

贾厚礼，姜林，2012. 榆林种子植物［M］. 西安：陕西科学技术出版社.

江苏新医学院，1977. 中药大辞典［M］. 上海：上海人民出版社.

李宏，2012. 伊犁草原生物灾害防治技术手册［M］. 北京：化学工业出版社.

李津，2010. 有毒动植物百科［M］. 北京：北京联合出版公司.

李西林，徐宏喜，顺庆生，2014. 有毒中药的鉴别图谱［M］. 北京：科学出
　　版社.

李新一，杜桂林，2018. 中国草原生物灾害［M］. 北京：中国农业出版社.

林启寿，1977. 中草药成分化学［M］. 北京：科学出版社.

林有润，韦强，谢振华，2010. 有害植物［M］. 广州：南方日报出版社.

刘爱萍，2017. 草地毒害草生物防控技术［M］. 北京：中国农业科学技术出版社.

刘广全，王鸿喆，2012. 西北农牧交错带常见植物图谱［M］. 北京：科学出版社.

刘慧娟，路艳峰，2017. 内蒙古荒漠草原有毒有害植物［M］. 北京：中国农业科学技术出版.

刘建枝，王保海，2014. 青藏高原疯草研究［M］. 郑州：河南科学技术出版社.

刘全儒，2010. 常见有毒和致敏植物［M］. 北京：化学工业出版社.

刘媖，1987. 中国沙漠植物志［M］. 北京：科学出版社.

刘宗平，2006. 动物中毒病学［M］. 北京：中国农业出版社.

刘宗平，赵宝玉. 2021. 兽医内科学：精简版［M］. 北京：中国农业出版社.

卢琦，王继和，褚建民，2012. 中国荒漠植物图鉴［M］. 北京：中国林业出版社.

路浩，2018. 动物中毒病学［M］. 北京：中国农业出版社.

马玉寿，徐海峰，杨时海，2012. 三江源区草地植物图集［M］. 北京：科学出版社.

南京中医药大学，2006. 中药大辞典［M］. 上海：上海科学技术出版社.

内蒙古植物志编委会，1991. 内蒙古植物志［M］. 呼和浩特：内蒙古人民出版社.

全国中草药汇编编写组，1975. 全国中草药汇编［M］. 北京：人民卫生出版社.

石定燧，1995. 草原毒害杂草及其防除［M］. 北京：中国农业出版社.

石书兵，杨镇，乌艳红，等，2013. 中国沙漠沙地沙生植物［M］. 北京：中国农业科学技术出版社.

史志诚，1990. 植物毒素学［M］. 杨凌：天则出版社.

史志诚，1997. 中国草地重要有毒植物［M］. 北京：中国农业出版社.

史志诚，尉亚辉，2016. 中国草地重要有毒植物：修订版［M］. 北京：中国农业出版社.

孙承业，谢立璟，2013. 有毒生物［M］. 北京：人民卫生出版社.

王凤忠，范蓓，孙玉凤，2021. 食品及补充剂中潜在有毒植物纲要［M］. 北京：

中国农业科学技术出版社．

王洪章，段得贤，1985. 家畜中毒学［M］．北京：中国农业出版社．

王敬龙，王保海，2013. 西藏草地有毒植物［M］．郑州：河南科学技术出版社．

王强，2002. 常用中草药手册［M］．福州：福建科学技术出版社．

王宗礼，孙启忠，常秉文，2009. 草原灾害［M］．北京：中国农业出版社．

尉亚辉，赵宝玉，2016. 中国天然草原毒害草综合防控技术［M］．北京：中国农业出版社．

尉亚辉，赵宝玉，魏朔南，等，2018. 中国西部天然草地毒害草的主要种类及分布［M］．北京：科学出版社．

夏丽英，2005. 现代中草药毒理学［M］．天津：天津科技翻译出版公司．

夏丽英，2006. 中药毒性手册［M］．呼和浩特：内蒙古科学技术出版社．

徐晔春，2018. 华南地区常见有毒植物识别指南［M］．北京：中国林业出版社．

于兆英，1984. 优良牧草及有毒植物［M］．西安：陕西科学技术出版社．

张光荣，夏光成，2006. 有毒中草药彩色图鉴［M］．天津：天津科技翻译出版公司．

张丽霞，李海涛，潭运洪，2015. 西双版纳有毒植物图鉴［M］．北京：中国林业出版社．

赵宝玉，2015. 中国重要有毒有害植物名录［M］．北京：中国农业科学技术出版社．

赵宝玉，2016. 中国天然草地有毒有害植物名录［M］．北京：中国农业科学技术出版社．

赵宝玉，莫重辉，2016. 天然草原牲畜毒害草中毒病防治技术［M］．杨凌：西北农林科技大学出版社．

中国科学院广西植物研究所，2005. 广西植物志［M］．南宁：广西科学技术出版社．

中国科学院华南植物园，2009. 广东植物志［M］．北京：科学出版社．

中国科学院昆明植物研究所，2006. 云南植物志［M］．北京：科学出版社．

中国科学院青藏高原综合考察队，1987. 西藏植物志［M］．北京：科学出版社．

中国科学院中国植物志编辑委员会，2004. 中国植物志［M］．北京：科学出版社．

周俗，2017. 四川草原有害生物与防治［M］．成都：四川科学技术出版社．

朱照静，谈利红，杨军宣，2021. 毒性中药学［M］．北京：科学出版社．

附录1 中国天然草原常见毒害草中文名索引

（中文名按拼音顺序）

A

阿尔泰假狼毒·······················206
阿尔泰藜芦·························108

B

巴天酸模···························233
白喉乌头····························46
白栎·······························128
白屈菜·····························133
白头翁······························53
斑唇马先蒿···························93
半夏·······························237
瓣蕊唐松草···························61
枹栎·······························131
北黄花菜···························103
北乌头·····························45
北萱草·····························101
蓖麻·······························157
变异黄芪····························9
冰川棘豆····························22
博落回·····························138

C

苍耳·······························85

藏橐吾······························73
草麻黄·····························225
草莓状马先蒿·························90
草原糙苏···························212
臭牡丹·····························246
垂序商陆···························256
刺萼龙葵···························123
刺旋花·····························243
丛生黄芪····························3
粗茎秦艽···························144

D

翠雀·······························52
大白杜鹃···························160
大花龙胆···························148
大蓟·······························68
大狼毒·····························156
大叶橐吾····························71
地梢瓜·····························195
毒参·······························240
毒麦·······························190
毒芹·······························239
短柄乌头····························37
多刺绿绒蒿···························141

多裂骆驼蓬⋯⋯⋯⋯⋯⋯⋯⋯⋯ 202

多叶棘豆⋯⋯⋯⋯⋯⋯⋯⋯⋯⋯ 26

多枝黄芪⋯⋯⋯⋯⋯⋯⋯⋯⋯⋯ 7

F

飞廉⋯⋯⋯⋯⋯⋯⋯⋯⋯⋯⋯⋯ 67

伏毛铁棒锤⋯⋯⋯⋯⋯⋯⋯⋯⋯ 41

G

甘肃棘豆⋯⋯⋯⋯⋯⋯⋯⋯⋯⋯ 23

甘肃马先蒿⋯⋯⋯⋯⋯⋯⋯⋯⋯ 91

甘遂⋯⋯⋯⋯⋯⋯⋯⋯⋯⋯⋯⋯ 155

杠柳⋯⋯⋯⋯⋯⋯⋯⋯⋯⋯⋯⋯ 198

高山黄华⋯⋯⋯⋯⋯⋯⋯⋯⋯⋯ 34

高山唐松草⋯⋯⋯⋯⋯⋯⋯⋯⋯ 59

高原毛茛⋯⋯⋯⋯⋯⋯⋯⋯⋯⋯ 57

工布乌头⋯⋯⋯⋯⋯⋯⋯⋯⋯⋯ 43

狗舌草⋯⋯⋯⋯⋯⋯⋯⋯⋯⋯⋯ 84

谷地翠雀花⋯⋯⋯⋯⋯⋯⋯⋯⋯ 51

腋萼马先蒿⋯⋯⋯⋯⋯⋯⋯⋯⋯ 95

光叶石楠⋯⋯⋯⋯⋯⋯⋯⋯⋯⋯ 175

鬼箭锦鸡儿⋯⋯⋯⋯⋯⋯⋯⋯⋯ 11

H

哈密黄芪⋯⋯⋯⋯⋯⋯⋯⋯⋯⋯ 4

海韭菜⋯⋯⋯⋯⋯⋯⋯⋯⋯⋯⋯ 260

海芋⋯⋯⋯⋯⋯⋯⋯⋯⋯⋯⋯⋯ 235

黑紫藜芦⋯⋯⋯⋯⋯⋯⋯⋯⋯⋯ 107

红叶石楠⋯⋯⋯⋯⋯⋯⋯⋯⋯⋯ 174

槲栎⋯⋯⋯⋯⋯⋯⋯⋯⋯⋯⋯⋯ 126

槲树⋯⋯⋯⋯⋯⋯⋯⋯⋯⋯⋯⋯ 127

互花米草⋯⋯⋯⋯⋯⋯⋯⋯⋯⋯ 192

黄花棘豆⋯⋯⋯⋯⋯⋯⋯⋯⋯⋯ 27

黄花夹竹桃⋯⋯⋯⋯⋯⋯⋯⋯⋯ 229

黄花乌头⋯⋯⋯⋯⋯⋯⋯⋯⋯⋯ 39

黄帚橐吾⋯⋯⋯⋯⋯⋯⋯⋯⋯⋯ 76

茴茴蒜⋯⋯⋯⋯⋯⋯⋯⋯⋯⋯⋯ 55

J

急弯棘豆⋯⋯⋯⋯⋯⋯⋯⋯⋯⋯ 16

蒺藜⋯⋯⋯⋯⋯⋯⋯⋯⋯⋯⋯⋯ 204

加拿大一枝黄花⋯⋯⋯⋯⋯⋯⋯ 82

夹竹桃⋯⋯⋯⋯⋯⋯⋯⋯⋯⋯⋯ 227

假高粱⋯⋯⋯⋯⋯⋯⋯⋯⋯⋯⋯ 191

假弯管马先蒿⋯⋯⋯⋯⋯⋯⋯⋯ 96

尖苞风毛菊⋯⋯⋯⋯⋯⋯⋯⋯⋯ 81

箭头唐松草⋯⋯⋯⋯⋯⋯⋯⋯⋯ 63

箭叶橐吾⋯⋯⋯⋯⋯⋯⋯⋯⋯⋯ 75

节节草⋯⋯⋯⋯⋯⋯⋯⋯⋯⋯⋯ 182

金花小檗⋯⋯⋯⋯⋯⋯⋯⋯⋯⋯ 249

锦鸡儿⋯⋯⋯⋯⋯⋯⋯⋯⋯⋯⋯ 13

茎直黄芪⋯⋯⋯⋯⋯⋯⋯⋯⋯⋯ 8

K

刻叶紫堇⋯⋯⋯⋯⋯⋯⋯⋯⋯⋯ 136

苦豆子⋯⋯⋯⋯⋯⋯⋯⋯⋯⋯⋯ 31

苦马豆⋯⋯⋯⋯⋯⋯⋯⋯⋯⋯⋯ 33

宽苞棘豆⋯⋯⋯⋯⋯⋯⋯⋯⋯⋯ 24

宽叶荨麻⋯⋯⋯⋯⋯⋯⋯⋯⋯⋯ 171

L

狼毒大戟⋯⋯⋯⋯⋯⋯⋯⋯⋯⋯ 152

藜⋯⋯⋯⋯⋯⋯⋯⋯⋯⋯⋯⋯⋯ 220

藜芦⋯⋯⋯⋯⋯⋯⋯⋯⋯⋯⋯⋯ 111

镰形棘豆⋯⋯⋯⋯⋯⋯⋯⋯⋯⋯ 17

柳叶菜风毛菊⋯⋯⋯⋯⋯⋯⋯⋯ 79

龙胆·· 146

龙葵·· 121

露蕊乌头····································· 42

轮叶马先蒿································· 99

萝藦·· 197

椤木石楠····································· 173

骆驼刺··· 1

骆驼蒿·· 201

骆驼蓬·· 200

M

麻栎·· 125

麻叶荨麻····································· 168

马蔺·· 215

马尿泡·· 120

马衔山黄芪····································· 5

马缨丹·· 247

曼陀罗·· 115

毛瓣棘豆····································· 29

毛茛··· 56

毛曼陀罗····································· 114

毛穗藜芦····································· 110

毛序棘豆····································· 30

毛轴蕨·· 185

美丽马醉木································· 159

蒙古扁桃····································· 178

蒙古虫实····································· 221

蒙古栎·· 129

密花香薷····································· 210

木贼·· 181

木贼麻黄····································· 223

N

纳里橐吾····································· 72

南天竹·· 250

拟鼻花马先蒿····························· 97

柠条锦鸡儿································· 12

牛心朴子····································· 194

O

欧氏马先蒿································· 94

欧洲蕨·· 184

P

披针叶黄华································· 35

坡柳·· 258

Q

秦艽·· 145

R

乳白香青····································· 65

乳浆大戟····································· 151

瑞香狼毒····································· 208

S

沙冬青··· 2

砂珍棘豆····································· 28

山莨菪·· 113

商陆·· 255

少花蒺藜草································· 188

石楠·· 176

匙叶龙胆····································· 147

栓皮栎·· 132

酸浆·· 118

酸模 ············ 231
碎米蕨叶马先蒿 ············ 87

T

台氏管花马先蒿 ············ 98
唐松草 ············ 60
天南星 ············ 236
天山假狼毒 ············ 207
天仙子 ············ 117
铁棒锤 ············ 48
秃疮花 ············ 137
豚草 ············ 64

W

薇甘菊 ············ 78
问荆 ············ 180
乌头 ············ 38
无刺含羞草 ············ 15
无叶假木贼 ············ 219

X

西藏泡囊草 ············ 119
细叶鸢尾 ············ 217
狭叶荨麻 ············ 167
小果博落回 ············ 140
小花棘豆 ············ 20
小黄花菜 ············ 104
蝎子草 ············ 166
兴安藜芦 ············ 106

萱草 ············ 102
荨麻 ············ 170

Y

羊角拗 ············ 228
羊踯躅 ············ 163
野罂粟 ············ 142
映山红 ············ 164
硬毛棘豆 ············ 19
羽扇豆 ············ 14
鸢尾 ············ 216

Z

泽漆 ············ 154
泽泻 ············ 253
窄叶泽泻 ············ 252
长根马先蒿 ············ 89
长毛风毛菊 ············ 80
长叶肋柱花 ············ 149
照山白 ············ 162
中国马先蒿 ············ 88
中国菟丝子 ············ 244
中麻黄 ············ 224
皱叶酸模 ············ 232
准噶尔乌头 ············ 49
紫堇 ············ 134
紫茎泽兰 ············ 69
紫苏 ············ 211
醉马芨芨草 ············ 187

附录2　中国天然草原常见
毒害草拉丁名索引

（拉丁名按字母顺序）

A

Achnatherum inebrians ·········· 187

Aconitum brachypodum ·········· 37

Aconitum carmichaeli ·········· 38

Aconitum coreanum ·········· 39

Aconitum flavum ·········· 41

Aconitum gymnandrum ·········· 42

Aconitum kongboense ·········· 43

Aconitum kusnezoffii ·········· 45

Aconitum leucostomum ·········· 46

Aconitum pendulum ·········· 48

Aconitum soongaricum ·········· 49

Alhagi sparsifolia ·········· 1

Alisma canaliculatum ·········· 252

Alisma plantagoaquatica ········ 253

Alocasia macrorrhiza ·········· 235

Ambrosia artemisiifolia ·········· 64

Ammopiptanthus mongolicus ········ 2

Anabasis aphylla ·········· 219

Anaphalis lactea ·········· 65

Anisodus tanguticus ·········· 113

Arisaema heterophyllum ·········· 236

Astragalus confertus ·········· 3

Astragalus hamiensis ·········· 4

Astragalus mahoschanicus ·········· 5

Astragalus polycladus ·········· 7

Astragalus strictus ·········· 8

Astragalus variabilis ·········· 9

B

Berberis wilsonae ·········· 249

C

Caragana jubata ·········· 11

Caragana korshinskii ·········· 12

Caragana sinica ·········· 13

Carduus nutans ·········· 67

Cenchrus pauciflorus ·········· 188

Chelidonium majus ·········· 133

Chenopodium album ·········· 220

Cicuta virosa ·········· 239

Cirsium japonicum ·········· 68

Clerodendrum bungei ·········· 246

Conium maculatum ·········· 240

Convolvulus tragacanthoides ······ 243

Corispermum mongolicum ·········· 221

Corydalis edulis ·········· 134

Corydalis incisa ················· 136

Cuscuta chinensis ··············· 244

Cynanchum komarovii ········· 194

Cynanchum thesioides ········· 195

D

Datura inoxia ··················· 114

Datura stramonium ············· 115

Delphinium davidii ·············· 51

Delphinium grandiflorum ······· 52

Diarthron altaicum ············· 206

Diarthron tianschanicum ······· 207

Dicranostigma leptopodum ····· 137

E

Elsholtzia densa ················ 210

Ephedra equisetina ············· 223

Ephedra intermedia ············ 224

Ephedre sinica ················· 225

Equisetum arvense ············· 180

Equisetum hyemale ············· 181

Equisetum ramosissimum ······· 182

Eupatorium adenophorum ······· 69

Euphorbia esula ················ 151

Euphorbia fischeriana ·········· 152

Euphorbia helioscopia ·········· 154

Euphorbia jolkinii ·············· 156

Euphorbia kansui ··············· 155

G

Gentiana crassicaulis ··········· 144

Gentiana macrophylla ··········· 145

Gentiana scabra ················ 146

Gentiana spathulifolia ·········· 147

Gentiana szechenyii ············· 148

Girardinia suborbiculata ········ 166

H

Hemerocallis esculenta ·········· 101

Hemerocallis fulva ·············· 102

Hemerocallis lilioasphodelus ····· 103

Hemerocallis minor ············· 104

Hyoscyamus niger ··············· 117

I

Iris lactea ····················· 215

Iris tectorum ··················· 216

Iris tenuifolia ·················· 217

L

Lantana camara ················ 247

Ligularia macrophylla ··········· 71

Ligularia narynensis ············ 72

Ligularia rumicifolia ············ 73

Ligularia sagitta ··············· 75

Ligularia virgaurea ············· 76

Lolium temulentum ············· 190

Lomatogonium longifolium ······· 149

Lupinus micranthus ·············· 14

M

Macleaya cordata ··············· 138

Macleaya microcarpa ··········· 140

Meconopsis horridula ··········· 141

Metaplexis japonica ············· 197

Mikania micrantha ·············· 78

Mimosa invisa ······················ 15

N

Nandina domestica ··············· 250
Nerium oleander ··················· 227

O

Oxytropis deflexa ················· 16
Oxytropis falcata ················· 17
Oxytropis fetissovii ··············· 19
Oxytropis glabra ················· 20
Oxytropis glacialis ··············· 22
Oxytropis kansuensis ············· 23
Oxytropis latibracteata ············ 24
Oxytropis myriophylla ············· 26
Oxytropis ochrocephala ··········· 27
Oxytropis racemosa ············· 28
Oxytropis sericopetala ············ 29
Oxytropis trichophora ············· 30

P

Papaver nudicaule ··············· 142
Pedicularis cheilanthifolia ·········· 87
Pedicularis chinensis ············· 88
Pedicularis dolichorrhiza ··········· 89
Pedicularis fragarioides ············ 90
Pedicularis kansuensis ············ 91
Pedicularis longiflora ············· 93
Pedicularis oederi ··············· 94
Pedicularis physocalyx ············ 95
Pedicularis pseudocurvituba ········ 96
Pedicularis rhinanthoides ·········· 97

Pedicularis siphonantha ············ 98
Pedicularis verticillata ············· 99
Peganum harmala ··············· 200
Peganum multisectum ············· 202
Peganum nigellastrum ············· 201
Perilla frutescens ··············· 211
Periploca sepium ··············· 198
Phlomoides pratensis ············· 212
Photinia davidsoniae ············· 173
Photinia fraseri ··············· 174
Photinia glabra ··············· 175
Photinia serratifolia ············· 176
Physalis alkekengi ··············· 118
Physochlaina praealta ············· 119
Phytolacca acinosa ··············· 255
Phytolacca americana ············· 256
Pieris formosa ··············· 159
Pinellia trenata ··············· 237
Prunus mongolica ··············· 178
Przewalskia tangutica ············· 120
Pteridium aquilinum ············· 184
Pteridium revolutum ············· 185
Pulsatilla chinensis ··············· 53

Q

Quercus acutissima ··············· 125
Quercus aliena ··············· 126
Quercus dentata ··············· 127
Quercus fabri ··············· 128
Quercus mongolica ··············· 129
Quercus serrata ··············· 131

Quercus variabilis ·············· 132

R

Ranunculus chinensis ············ 55

Ranunculus japonicus ············ 56

Ranunculus tanguticus ··········· 57

Rhododendron decorum ··········· 160

Rhododendron micranthum ········ 162

Rhododendron molle ············· 163

Rhododendron simsii ············· 164

Ricinus communis ··············· 157

Rumex acetosa ················· 231

Rumex crispus ················· 232

Rumex patientia ················ 233

S

Salix myrtillacea ··············· 258

Saussurea epilobioides ··········· 79

Saussurea hiraciodes ············ 80

Saussurea subulisquama ·········· 81

Solanum nigrum ················ 121

Solanum rostratum ·············· 123

Solidago canadensis ············· 82

Sophora alopecuroides ··········· 31

Sorghum halepense ·············· 191

Spartina alterniflora ············ 192

Sphaerophysa salsula ············ 33

Stellera chamaejasme ············ 208

Strophanthus divaricatus ········ 228

T

Tephroseris kirilowii ············· 84

Thalictrum alpinum ·············· 59

Thalictrum aquilegifolium ········· 60

Thalictrum petaloideum ··········· 61

Thalictrum simplex ·············· 63

Thermopsis alpina ·············· 34

Thermopsis lanceolata ··········· 35

Thevetia peruviana ·············· 229

Tribulus terrester ··············· 204

Triglochin maritimum ············ 260

U

Urtica angustifolia ·············· 167

Urtica cannabina ··············· 168

Urtica fissa ··················· 170

Urtica laetevirens ·············· 171

V

Veratrum dahuricum ············· 106

Veratrum japonicum ············· 107

Veratrum lobelianum ············ 108

Veratrum maackii ··············· 110

Veratrum nigrum ··············· 111

X

Xanthium strumarium ············ 85